普通高等学校机械类精品教材

校企合作开发教材

非煤矿山机电设备运行与维护

主　编　黄超群　刘　兵

编写人员（以姓氏笔画为序）

代慧芳　张　浩　张开基　陆　峰

陈　静　陈之林　陈庆来　罗　骁

胡小锐　胡晓强　黄　胜　黄　亮

曹春峰　常　飞　滕　达

中国科学技术大学出版社

内 容 简 介

本书概述了非煤矿山机电设备运行与维护的相关理论及应用技术,包含基础理论篇、测评与考核篇、附录等内容,涉及 YKR、ZKR 振动筛的使用与维护,矿用运输机车的使用与维护,装岩机的使用与维护,液压站的使用与维护,电气控制柜的使用与维护,矿井提升机的结构及选用等,并涉及上述内容的测评与考核等内容,有利于高校相关专业学生掌握非煤矿山机电设备运行与维护的操作技能及相关技巧,同时对于相关从业者也具有较大的参考价值。

图书在版编目(CIP)数据

非煤矿山机电设备运行与维护/黄超群,刘兵主编.—合肥:中国科学技术大学出版社,2023.6

ISBN 978-7-312-05709-0

Ⅰ.非… Ⅱ.① 黄… ② 刘… Ⅲ.① 矿山—机电设备—运行 ② 矿山—机电设备—设备检修 Ⅳ.TD4

中国国家版本馆 CIP 数据核字(2023)第 108245 号

非煤矿山机电设备运行与维护

FEI MEI KUANGSHAN JIDIAN SHEBEI YUNXING YU WEIHU

出版	中国科学技术大学出版社
	安徽省合肥市金寨路 96 号,230026
	http://press.ustc.edu.cn
	https://zgkxjsdxcbs.tmall.com
印刷	安徽国文彩印有限公司
发行	中国科学技术大学出版社
开本	787 mm×1092 mm 1/16
印张	9.5
字数	241 千
版次	2023 年 6 月第 1 版
印次	2023 年 6 月第 1 次印刷
定价	50.00 元

前　　言

习近平总书记指出："国有企业是中国特色社会主义的重要物质基础和政治基础，是我们党执政兴国的重要支柱和依靠力量。"安徽太平矿业有限公司作为中国黄金集团公司（以下简称中国黄金）在安徽布局的首家企业，在企业经营发展的同时，不忘企业的社会职能，积极助力地方职业院校发展，双方取长补短，共同培养技能型人才。

2019年1月24日，国务院发布《国家职业教育改革实施方案》（又称职教20条），吹响了构建现代职业教育的号角。安徽太平矿业有限公司和淮北职业技术学院双方响应国家号召，在职业教育领域主动适应供给侧结构性改革需要，响应中国黄金"进一步加强企业技工人才队伍建设，培养一批高技能人才，适应企业的发展需要，根据企业员工队伍建设总体部署，切实加强'管理系列''技工系列''党建系列'三个系列人才队伍的建设"的总体要求，改变过去高职院校所开设课程与企业设备、工艺、技术脱节的弊端，双方组织精兵强将编写了面向企业生产一线的系列特色教材，本书是该系列教材的第一本。

安徽太平矿业有限公司黄超群、淮北职业技术学院刘兵任本书主编，提出了本书的基本框架和编写体例。参与编写的企业专家有：曹云志、曹春峰、张浩、罗骁、黄胜、黄亮、胡小锐、张开基、胡晓强、滕达、常飞。校方专家有：陈之林、陈庆来、代慧芳、陈静、陆峰。本书突出实践性、实用性，重点介绍常用矿山设备的使用及维护维修知识和技巧，对学生迅速提高动手能力和技能等级大有裨益。为方便学生以后参加技能等级考试，本书还提供了针对理论知识和实践操作考核的试题。

本书在编写过程中得到安徽太平矿业有限公司党委书记、总经理李兴平，纪委书记温阔；淮北职业技术学院党委书记王传贺、院长张亚、副院长孙早等的大力支持，在此一并表示感谢。

编　者

2023年3月

目　　录

前言 ……………………………………………………………………………（ⅰ）

第一篇　基　础　理　论

第一章　YKR、ZKR 振动筛的使用与维护 ………………………………（3）
　　一、型号意义说明 ……………………………………………………（3）
　　二、用途 ………………………………………………………………（4）
　　三、技术特性 …………………………………………………………（4）
　　四、工作原理及传动系统 ……………………………………………（5）
　　五、结构特点 …………………………………………………………（7）
　　六、筛机的安装 ………………………………………………………（7）
　　七、试运转（试车） ……………………………………………………（9）
　　八、润滑 ………………………………………………………………（9）
　　九、操作与维护 ………………………………………………………（10）
　　十、易损件 ……………………………………………………………（10）

第二章　矿用运输机车的使用与维护 ……………………………………（11）
　　一、产品型号、名称及含义 …………………………………………（11）
　　二、产品用途及使用范围 ……………………………………………（12）
　　三、产品的技术特性 …………………………………………………（12）
　　四、总体机械部分概述 ………………………………………………（13）
　　五、总体电气部分概述 ………………………………………………（15）
　　六、电机车的使用 ……………………………………………………（16）
　　七、电机车的维护、修理 ……………………………………………（18）

第三章　装岩机的使用与维护 ……………………………………………（33）
　　一、机器的构造 ………………………………………………………（33）
　　二、机器的操纵与使用 ………………………………………………（34）
　　三、机器的维护、保养与检修 ………………………………………（35）

第四章　液压站的使用与维护 ……………………………………………（38）
　　一、TSY-3.5D 液压站主要作用及特征 ……………………………（38）
　　二、主要技术参数 ……………………………………………………（38）
　　三、液压站的结构原理 ………………………………………………（39）

　　四、调试 …………………………………………………………………（39）

　　五、故障处理 ……………………………………………………………（41）

　　六、二级制动油压值的选择计算 ………………………………………（42）

　　七、液压站的维护、保养及注意事项 …………………………………（43）

第五章　电气控制柜的使用与维护 ………………………………………（47）

　　一、用途 …………………………………………………………………（47）

　　二、型号含义 ……………………………………………………………（47）

　　三、使用环境条件 ………………………………………………………（48）

　　四、主要技术性能 ………………………………………………………（48）

　　五、充电机基本结构 ……………………………………………………（49）

　　六、电路及其工作原理 …………………………………………………（49）

　　七、充电机的安装及使用 ………………………………………………（50）

　　八、充电操作方法 ………………………………………………………（51）

　　九、报警代码 ……………………………………………………………（52）

　　十、维修重点及注意事项 ………………………………………………（52）

第六章　矿井提升机的结构及选用 ………………………………………（53）

　　一、提升系统参数 ………………………………………………………（53）

　　二、首绳、平衡尾绳 ……………………………………………………（53）

　　三、技术规格 ……………………………………………………………（54）

　　四、提升机技术要求 ……………………………………………………（55）

第二篇　测评与考核

第七章　提升机械维修人员液压站实操考核——液压站故障分析与处理 …………（63）

　　一、液压站故障分析与处理 ……………………………………………（63）

　　二、其他事项 ……………………………………………………………（64）

　　附件 ………………………………………………………………………（64）

第八章　提升机械维修人员提升机实操考试考核——提升机故障分析与处理 ………（66）

　　一、提升机故障分析处理 ………………………………………………（66）

　　二、其他事项 ……………………………………………………………（67）

　　附件 ………………………………………………………………………（67）

第九章　提升机械维修人员实操考核——采掘设备故障分析与处理 …………（69）

　　一、采掘设备故障分析与处理 …………………………………………（69）

　　二、其他事项 ……………………………………………………………（70）

　　附件 ………………………………………………………………………（70）

第十章　选厂机械维修人员实操考核——HP300 液压站故障与分析 ………（73）

　　一、液压站故障分析与处理 ……………………………………………（73）

二、其他事项 ……………………………………………………………………（74）

附件 …………………………………………………………………………………（74）

第十一章　选矿厂机械维修人员实操考核——制作与切割技术 …………………（77）

一、按照图纸制作漏斗（仅考画线部分，不用实操下料） ………………………（77）

二、气割圆孔（标准 1 寸管） …………………………………………………………（78）

三、其他事项 …………………………………………………………………………（79）

附件 …………………………………………………………………………………（79）

第十二章　电气维修人员实操考核——高压水泵故障处理 ………………………（82）

一、高压柜故障处理 …………………………………………………………………（82）

二、其他事项 …………………………………………………………………………（83）

附件 …………………………………………………………………………………（83）

第十三章　选矿车间电气维修人员实操考核——CH430 破碎机实操 ……………（85）

一、CH430 故障处理 …………………………………………………………………（85）

二、其他事项 …………………………………………………………………………（86）

附件 …………………………………………………………………………………（86）

第十四章　电气维修人员实操考核——提升机故障处理 …………………………（88）

一、提升机故障处理 …………………………………………………………………（88）

二、其他事项 …………………………………………………………………………（89）

附件 …………………………………………………………………………………（89）

第十五章　选厂电气维修人员实操考核——HP300 破碎机实操 …………………（91）

一、HP300 破碎机故障处理 …………………………………………………………（91）

二、其他事项 …………………………………………………………………………（92）

附件 …………………………………………………………………………………（92）

第十六章　电气维修人员实操考核——10 kV 高压柜操作与故障处理 …………（94）

一、高压柜操作与故障处理 …………………………………………………………（94）

二、其他事项 …………………………………………………………………………（95）

附件 …………………………………………………………………………………（95）

第十七章　电气维修人员实操考核——电机车故障处理 …………………………（97）

一、电机车故障处理 …………………………………………………………………（97）

二、其他事项 …………………………………………………………………………（98）

附件 …………………………………………………………………………………（98）

第十八章　电气维修人员实操考核——PLC 编程 ………………………………（100）

一、可编程序控制（PLC） …………………………………………………………（100）

二、需用材料及工具 ………………………………………………………………（101）

三、其他事项 ………………………………………………………………………（101）

附件 ………………………………………………………………………………（101）

附　　录

附录一　矿区机械维修人员考核试题 …………………………………………（105）

附录二　选矿车间机械维修人员考核试题 ……………………………………（110）

附录三　提升电气维修人员考核试题 …………………………………………（114）

附录四　选矿车间电气维修人员考核试题 ……………………………………（120）

附录五　设备部机械工程技术人员考核试题 …………………………………（126）

附录六　选矿车间机械工程技术人员考核试题 ………………………………（131）

附录七　电气工程技术人员考核试题 …………………………………………（135）

第一篇 基础理论

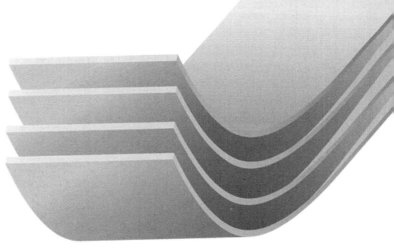

第一章 YKR、ZKR 振动筛的使用与维护

振动筛是一种常用的选矿设备,其功能是将破碎后的矿石进行筛分,通过碎石粒度的不同,将符合要求的产品通过皮带运输到下一道处理工序,不符合粒度(大粒度)要求的返回到破碎工序,进行再破碎,从而完成破碎和筛分整个生产环节。下面结合安徽太平矿业公司实际,重点对所使用的振动筛从结构和使用维护方面进行讲解。

YKR、ZKR 系列筛机是相关研制单位根据我国生产需要,在消化、吸收从德国公司引进的振动筛基础上,总结多年研究设计和使用筛机的经验,结合我国国情研制出来的新型系列振动筛,可替代 USK、USL 型振动筛和其他系列筛机。

多年的生产实践证明该系列筛机具有处理量大,技术参数合理,结构强度、刚度高,系列化、通用化、标准化程度高,运转平稳可靠,噪音小,维护检修方便等一系列优点。在样机试验使用基础上,研制单位又进一步改进提高,完善了加工工艺和制造装备,使筛机结构更加合理,质量得到显著提高,深受用户好评。

一、型号意义说明

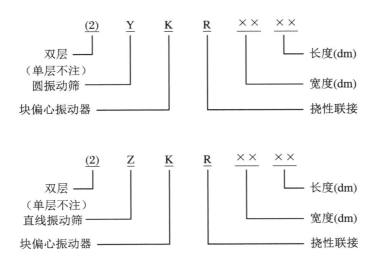

二、用途

本筛机系列用于煤炭、冶金、矿山、建材、化工、电力、交通、港口等行业的分级、脱水、脱泥、脱介等作业。

三、技术特性

（1）YKR 系列单层、双层、三层圆振动筛的技术特性如表 1.1 所示。

表 1.1　YKR 系列单层、双层、三层圆振动筛的技术特性

项目		特征值	单位
筛面	面积	2.25～31.5	m²
	层数	1 或 2 或 3	层
	倾角	15～35	°
	类型	金属筛面、橡胶聚氨酯筛面	
入料粒度		≤300	mm
分级粒度		6～150	mm
处理量		27～1 890	t/h
振幅（单）		3.5、4、4.5、5	mm
振次		13.67～15	Hz
电动机		由具体型号定	
外形尺寸		由具体型号定	mm
重量		由具体型号定	kg
各支点动负荷		由具体型号定	N

（2）ZKR 系列单层、双层、三层直线振动筛的技术特性如表 1.2 所示。

表 1.2 ZKR 系列单层、双层、三层直线振动筛的技术特性

项目		特征值	单位
筛面	面积	2.25～31.5	m²
	层数	1 或 2 或 3	层
	倾角	−5～5	°
	类型	金属筛面、橡胶聚氨酯筛面	
入料粒度		≤200	mm
分级粒度		0.25～50	mm
处理量		4.5～1 260	t/h
振幅（单）		3.5、4、4.5、5	mm
振次		16～16.33	Hz
振动方向角		40	°
电动机		由具体型号定	
外形尺寸		由具体型号定	mm
重量		由具体型号定	kg
各支点动负荷		由具体型号定	N

四、工作原理及传动系统

（1）工作原理：圆振动筛为单轴块偏心激振器，单电机驱动。筛机的激振是因偏心块的离心力产生的。振动轨迹在入料端的椭圆长轴与筛面的夹角为锐角，在出料端为钝角，这样使得出料端料层不会太薄、入料端料层不会太厚，近似于等厚筛分效果。

直线振动筛为双轴块偏心，双电机驱动，电机自同步，筛机的激振是由偏心块离心力所产生的，如图 1.1 所示。

（2）传动系统：圆筛由电机通过三角带（可更换皮带轮变速）带动激振器。直线筛由电机直接驱动激振器，两者都用瓣形挠性联轴器连接，如图 1.2 所示。

（3）振幅的调节，通过增减配重块数量达到。

（4）中间传动轴与激振器连接的三爪挠性盘采用特制橡胶板制作，具有承截扭矩大、挠性好的长处。也可用万向节传动。

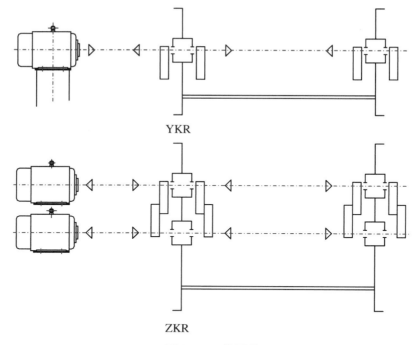

YKR

ZKR

图 1.1　工作原理

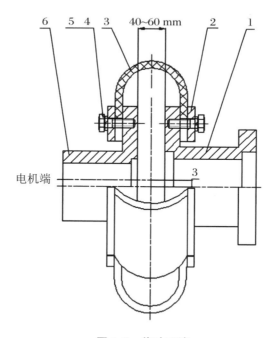

图 1.2　传动系统

1. 传动接手（Ⅱ）；　2. 扇形压板；　3. 挠性片；　4、5. 螺栓,弹性垫圈；　6. 传动接手（Ⅰ）

五、结构特点

（1）该振动筛系列包括圆振动筛（YKR）和直线振动筛（ZKR）两大系列，分为单层、双层和三层，单层 27 种，双层 22 种，三层 18 种。

（2）YKR 系列筛机频率、振幅和筛面倾角均可调整；ZKR 系列筛机采用双电机驱动自同步振动器，振幅可调，筛面倾角可在 ±5° 范围内调整。具体参数可根据物料性质和用户要求确定。

（3）筛机采用块偏心，外置式激振器结构，所有筛机仅用 9 种规格激振器互换通用。

（4）该筛机在系列化过程中，充分考虑了我国具体情况和筛机各零部件通用化、系列化、标准化的要求，采用了一系列先进技术：

① 筛机侧板采用整块钢板折弯，除横梁钢管与法兰连接处焊接外，其他各部位均采用扭剪形高强度螺栓连接。

② 筛板可采用不锈钢、弹簧钢、聚氨酯橡胶和耐磨橡胶筛面，各筛面可互换使用。两种尺寸规格筛板，可在所有筛机上互换通用。

③ 支承隔振采用系列橡胶和复合弹簧，噪声小，运转平稳，两种弹簧可以互换使用。

④ 筛板压紧采用 T 形防转块结构，筛板、护板等部位连接采用了高强度尼龙螺母防松。

⑤ 驱动筛机采用了结构简单、制造维修容易的瓣形联轴器和三爪挠性联轴器，克服了万向联轴器易损坏的缺陷。

六、筛机的安装

（1）筛板的安装：

① 要求所有筛板安装后，筛面应平整，不得有高低不平或歪斜现象。

② 所有固定筛板螺栓必须拧紧，不得有松动或螺帽倾斜现象。

③ 筛板安装后，整个筛面纵向不得有明显过大的缝隙。

（2）激振器的安装（图 1.3）：

① 激振器可根据现场安装成左传动或右传动形式。

② 所有零件均需用汽油洗干净后再安装，安装时不得硬性敲打或有别劲现象。

③ 各部件必须安装到位，必须检查激振器的轴间窜动量，保证其在 1～2 mm 范围，且须保证轴承的原装配套使用，不得互换。

④ 轴承的径向游隙采用 C_3 级，一般在 0.1～0.2 mm 范围。

⑤ 轴承安装时，在轴承内先加好适量润滑油脂（约占轴承内空间的 1/3～2/3）。

⑥ 偏心块所加副偏心块或配重板的厚度、数量必须相同。

⑦ 中间轴与两侧激振器的连接必须同心，不能过紧或过松，保证轴承轴向窜动不变（即 1～2 mm）。

⑧ 如筛子到货后，超过半年才安装使用，振动器内轴承应重新清洗换油。

（3）橡胶弹簧的安装：

① 橡胶弹簧安装前需全部做压缩试验，记录每个弹簧的编号及其刚度数值。

② 每台筛机取刚度相同（或相近）的弹簧进行编组安装，以免由于弹簧刚度不一致造成筛机失稳，入料端和排料端两侧弹簧刚度应尽量一致（或近于一致），高度差为 2～3 mm。

（4）筛机的安装基础可做成钢结构或混凝土结构，用水平仪或经纬仪找正，使同一端（入料端或排料端）两侧的支座在同一水平面内，使两侧的支座的高差一致，误差在 3 mm 之内，以保证筛面上物料均匀前进。

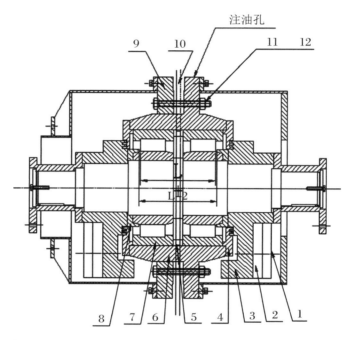

图 1.3　激振器的安装

1. 副偏心块；　2. 配重板；　3. 主偏心块；　4. 迷宫形压盖；　5. 隔离环；　6. 轴承座；
7. 滚动轴承；　8. 轴承挡圈；　9. 轴承座压盖；　10. 筛箱板；　11、12. 高强度螺栓、螺母

（5）以上步骤准备好后，先将弹簧置于支承板上，定位管正好在弹簧内孔中间，然后吊装筛箱（起吊位置在筛箱外侧支承梁处）使上下定位管对中橡胶弹簧内孔，落平稳筛箱后弹簧不得有偏斜情况。

（6）安装电机座、电机。电机中心应比筛机激振器轴中心高 2～3 mm，前后对正，然后安装瓣形挠性片。

（7）筛机各部位连接必须牢固可靠，所有螺栓不得有任何松动现象，所有部件不得有任何异常或撞出声响，筛箱与周围固定物之间的最小安全距离不得小于 80 mm。

七、试运转(试车)

（1）开车前必须检查好筛机各部分安装是否正确,各部分坚固螺栓是否全部拧紧。

（2）检查电机接线是否正确,转向是否正确(直线筛两驱动电机运转方向相反,圆振动筛驱动电机应朝料流方向旋转)。

（3）检查各润滑部分是否加好润滑油脂。

（4）用手盘车看激振器是否转动灵活,有无卡死、别动现象;防护罩内是否有杂物。

（5）检查筛机运动部分周围的固定设施,如入料、排料溜槽及筛下漏斗与筛机是否有碰撞可能,其距离不得小于 80 mm。

（6）试运转开车时如出现声响异常或弹簧有异常跳动,致使筛机不能正常运转,应立即停车,查明原因,排除障碍后再开车。

（7）启动平稳、迅速、无明显横向摆动。

（8）启动运转正常后,需连续运转 8 h(最少不得少于 4 h),观察筛机是否一直运转正常,并检查轴承温度,轴承温升不得超过 45 ℃。若采用进口轴承,其轴承温升视所采用的轴承型号决定,一般不超过 80 ℃。

（9）如开车后短时间振动器产生不正常声响或温度急剧上升,应立即停车,查明原因,解决后再开车。

（10）检查筛机振次、振幅是否合乎要求,振幅可测筛机两侧的前、中后六点。

（11）测噪声。

（12）测启车、停车时的共振振幅,共振振幅不得大于工作振幅的 5～8 倍,如过大可分析原因,加以解决。

（13）运转 8 h 后应检查筛子所有坚固螺栓是否有松动现象,如有松动,应重新拧紧。筛板压块螺栓最好全部重新紧一遍。

八、润滑

（1）激振器轴承润滑,轴承×××26 以下采用二硫化钼锂基脂,轴承×××28 及其以上采用 4 号高温润滑脂,不得与其他品种混用,更换新脂时应将原有油脂清洗干净(3～6 个月更换一次新油)。

（2）每半个月至一个月补充注油一次(约 0.5 kg)。

（3）轴承注油为轴承空间的 1/3～2/3,不宜过多,以免轴承发热。用高压油枪通过三接头,注油进去。

（4）每年将轴承拆下清洗一次。

（5）所有润滑点及油封不得有漏油现象。

九、操作与维护

（1）操作人员应熟悉筛机性能，掌握操作方法。

（2）启动筛机应遵循工艺系统的顺序，保证空筛启动。

（3）停车时也应遵循工艺系统的次序，禁止带料停车或停后继续给料。

（4）每班中间或终止时应检查一下轴承温度。

（5）经常检查各部分紧固螺栓是否有松动，皮带松紧是否合适。

（6）经常检查挠性联轴器和挠性盘是否有撕裂破损，如有损坏应及时更换。

（7）每年年检时对振动器进行一次大修，振动器全部拆下进行清洗、换油，如轴承有片状蚀点、变色，滚柱变形，保持架松散等应予更换。

十、易损件

（1）滚动轴承。

（2）橡胶弹簧。

（3）筛板（焊接或橡胶筛板）。

（4）挠性盘。

（5）挠性片。

（6）三角皮带（圆筛用）。

第二章 矿用运输机车的使用与维护

一、产品型号、名称及含义

(一) 产品型号

CJY 3/6、7、9 G。

(二) 产品名称

架线式工矿电机车(以下简称电机车)。

(三) 产品型号含义

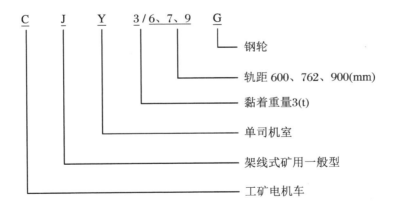

二、产品用途及使用范围

（一）产品用途

本型号电机车在电网额定电压为直流 250 V,架线高度为 1 800～2 200 mm 的环境中使用,供井下主巷道牵引矿车运输矿物、器材及人员用。

（二）产品使用范围

① 海拔不超过 2 000 m。

② 周围环境温度最高不超过 40 ℃,最低不低于 - 25 ℃。

③ 最湿月月平均最大相对湿度为 90%（同月月平均最低温度不大于 25 ℃）。

④ 警告！在高瓦斯矿井进风的主要运输巷道内使用时,必须符合《煤矿安全规程》的规定,装设便携式甲烷检测报警仪。

（三）产品执行标准

MT/T1064—2008《矿用窄轨架线式工矿电机车技术条件》。

三、产品的技术特性

（一）产品技术参数

产品技术参数如表 2.1 所示。

表 2.1　产品技术参数

名称	单位	技术数据
黏着质量	t	3
额定电压	V	250
小时制牵引力	kN	5.74
最大牵引力	kN	7.36
小时制速度	km/h	7.5
小时制功率（牵引电动机）	kW	6.5×2

续表

名称	单位	技术数据
最大速度	km/h	15
轨距	mm	600、762、900
轴距	mm	850
通过最小曲线半径	m	6
车轮滚动圆直径	mm	ϕ520
齿轮传动比		15.78（锥、正齿轮 2 级减速）
挂钩高度	mm	320、210
控制方式		电阻控制
制动方式		机械

（二）电机车外形图

电机车外形图如图 2.1 所示。

四、总体机械部分概述

电机车的机械部分由车架、走行装置、制动装置、撒砂装置、顶棚装置、弹簧装置、缓冲器等部分组成。电机车总体布置和主要结构如图 2.4 所示。

（一）车架

车架为 30 mm 钢板焊接结构，强度高、刚度大、不易变形，前后端板装有弹性缓冲器，用以减轻冲击和连挂矿车，车架前部安装司机室顶棚装置，后端安装受电器支架，其间覆盖薄钢板制的盖板，车架侧板下部开有缺口，缺口两侧装有导板，容纳弹簧和轴承箱于其中，以传递重量和牵引力，整个车架通过弹簧装置支持在走行装置的轴承箱上。

（二）走行装置

由减速箱、轮对、轴承座、托架等主要部分构成，每台机车有 2 组，减速箱壳体用球墨铸铁制造，减速箱用球轴承支持在轮轴上，托架用螺栓和减速箱连接成一体，用橡胶垫圈弹性地悬挂于车架上，牵引电动机即安装于托架上，用橡胶轮胎壳式弹性联轴器与减速箱主动螺旋锥齿轮相连，传递转矩，每轮对两端头装有圆锥滚子轴承箱。其走行装置如图 2.7 和表 2.2 所示，传动系统如图 2.5 所示，轴承座结构如图 2.6 所示。

表 2.2　走行装置主要部件

项次	名称	规格	数量
1	车轮	滚动圆直径 $\phi 520$ mm	2
2	单列圆锥滚子轴承	30213(GB297—1994)	4
3	单列向心球轴承	6216(GB276—1994)	2
4	轮轴		1
5	从动正齿轮	$m = 5, z = 57, \zeta = 0.6$	1
6	单列圆锥滚子轴承	32307(GB276—1994)	2
7	小正齿轮	$m = 5, z = 13, \zeta = 0.6$	1
8	单列向心短圆柱滚子轴承	NU305(GB283—1994)	1
9	从动锥齿轮	$m_s = 6, z = 36, \beta = 20°$, 格里森制	1
10	主动锥齿轮	$m_s = 6, z = 10, \beta = 20°$, 格里森制	1
11	单列圆锥滚子轴承	32008(GB297—1994)	2
12	弹性联轴器	$\phi 200 × 54$ 轮胎壳式联轴器	1
13	牵引电动机	ZQ-7,250 V,6.5 kW,1 190 r/min	2

（三）制动系统

本制动装置为机械杠杆传力式,可同时对两轮对施加单边制动,制动手轮位于司机室内,司机顺时针方向旋转手轮即可施行制动,调整连接器可使闸瓦与轮缘间保持一定间隙,用调整螺钉调节弹簧片可使闸瓦工作面与轮缘踏面间间隙均匀。制动系统结构如图 2.8 所示。

（四）撒砂装置

撒砂装置是利用摇摆振动落砂原理工作,两组砂箱(每组两个)分别置于轮对两侧,能向机车运行中的减载轮对前方轨道上撒砂以增大车轮与轨面间的黏着,防止启动或加速时车轮空转,砂箱结构如图 2.9 所示。

（五）顶棚装置

顶棚装置与车架前端部构成司机室,顶棚为薄钢板焊接结构,可防止雨水和落石,保护司机安全,前后壁开有瞭望窗,机车上司机控制器、自动开关等电气设备均安装于顶棚内。

（六）弹簧装置

弹簧装置在车架墙板内侧,轴箱缺口两侧焊有弹簧支承,通过四个板弹簧将车架支持在两轮对的轴箱上,用以传递垂直载荷和减缓线路冲击。

(七) 缓冲器

缓冲器用以减缓挂车或运行时车辆之间的碰撞冲击,其结构如图 2.10 所示。

五、总体电气部分概述

(一) 电气部分概述

(1)电气部分由受电器、自动开关、司机控制器、启动电阻、牵引电动机等构成。电气原理图如图 2.11 所示,电气接线图如图 2.12 所示,主要电气配件如表 2.3 所示。

表 2.3 主要电气配件表

设备名称	型号	数量	规格
受电器	QNG3-2	1	额定电压 250 V,额定电流 100 A
直流变换器	DXK-6/24/250	1	额定输入电压 250 V,额定电流 6 A,额定输出电压 24 V
自动开关	QDS1-1S	1	整流值 140 A,额定电压 250 V
启动电阻器	QZX27-1	1	额定电压 250 V,额定电流 15 A,阻值 7.9 Ω
司机控制器	QKT27-2	1	额定电压 250 V,额定电流 100 A
电喇叭	DL-21	1	额定电压 24 V,额定电流 2.5 A
照明灯	JN-150	2	额定电压 24 V,额定功率 50 W
直流牵引电动机	ZQ-7	2	额定电压 250 V,小时电流 31.5 A,小时功率 6.5 kW,额定转速 1 190 r/min

(二) 电气原理

(1) 本电机车的启动和调速采用逐级切除启动电阻的方式,串并联过渡转换采用二极管。其工作原理简述如下:

① 零位置:主手柄在零位置时,控制器 SK1～SK6 触头均不闭合,电动机未加上电压。

② 位置 1:主手柄在位置 1 时,控制器触头 SK1 闭合,此时两电动机串联。启动电阻全部接入。电流自受电弓→自动开关→SK1→$R1$→$R2$→$R3$→1M→二极管→2M→接地,机车启动。

③ 位置 2:主手柄在位置 2 上,控制器触头 SK1、SK5 闭合,启动电阻 $R2$ 段被切除,机车加速,两电动机仍为串联。

④ 位置 3：在位置 3，控制器触头 SK1、SK3、SK5 闭合，起电阻 R1 与 R2 段被切除，两电动机仍为串联。

⑤ 位置 4：在位置 4，控制器触头 SK3、SK6 闭合，启动电阻 R2 与 R3 段并联，两电动机仍为串联。

⑥ 位置 5：是长期运行位置，控制器触头 SK3、SK5、SK6 闭合，全部启动电阻被切除，电动机串联带全电压运行。

⑦ 位置 6：是并联启动位，控制器、触头 SK2、SK4、SK3、SK6 闭合，启动电动 R2 与 R3 段并联接入电路，SK4 闭合后，整流二极管受反压，两电动机并联运行。

⑧ 位置 7：控制器、触头 SK1、SK3、SK4、SK2、SK6 闭合，启动电阻 R1、R2、R3 各段并联，接入电路，两电动机并联运行。

⑨ 位置 8：是长期运行位置，控制器触头 SK1～SK6 均闭合，启动电阻全部切除，两电动机并联全电压运行，机车启动完毕，全速运行。

（2）各电气设备结构、性能等内容详见各自的使用说明书。

六、电机车的使用

（一）电机车使用的基本要求

① 操作电机车的司机必须经过培训并经考核合格，方可驾驶电机车。严禁非电机车司机驾驶电机车。

② 司乘、维修人员应了解电机车电气系统及各电器产品性能，掌握使用方法。

③ 根据电机车提供的各电器产品使用说明要求，对电器产品进行使用前的检查和使用后的保养。

④ 使用电机车时应严格按本产品的使用说明书以及有关规程使用、维修，严禁违章作业。

⑤ 电机车行车时，巷道内弯道限界处不得有任何人或障碍物。

（二）电机车的检查

1. 使用电机车前的检查

① 检查机车上机械部分和电器部分各装置是否完好、正常。

② 检查机车上一切可移动的盖子、护罩等是否盖好，走行装置中各紧固螺栓、托架、吊杆螺栓、轴承箱螺栓等是否均已紧固、可靠，各润滑处是否有足够的润滑油。

③ 检查制动系统各部件是否完好。制动闸瓦当磨损至厚度小于 10 mm 时应予更换。操纵制动手轮检查机车的制动与缓解操作是否正常灵活。

④ 检查砂箱内有无足够干燥细砂，操作检查撒砂装置在两个方向撒砂时工作是否良好。

⑤ 检查电气系统各设备连接导线是否完好。使主手柄置于零位，检查受电器，弓架上

升和下降是否灵活。

⑥ 升弓后,启动直流变压器检查喇叭和照明是否正常。

⑦ 将反向手柄置于"向前"或"向后"位,转动主手柄至1位,机车向既定方向低速运行,可检查机车电器线路有无问题,并验证机车实际运行方向是否与反向手柄相符合。

在上述检查后无任何故障和问题,说明机车处于完好状态,方可进入运行。

2. 电机车的交接班检查

交接班的检查与使用电机车前的检查相同,此外还应检查轴承温度(温升不大于55 ℃)。司机交接班时,应清扫电机车的灰尘和污泥,保持电机车各部分的清洁,特别是电气设备的清洁,同时,交班司机应将使用过程中发生的不正常情况和损坏情况告诉接班司机,填写好交接班记录表。

司机接班应检查电机车各部位正常才能投入使用。

(三) 司机操作注意事项

① 司机操作主手柄时,移动不要过快,应平移滑动,使电机电压平滑增加。

② 注意:电机车运行换向时,必须待电机车停稳后方可进行。否则电机车反接制动,对电机有损害。

③ 当发现机械制动工作异常,不能可靠制动时,应停车检查制动系统各部分,及时消除故障。制动系统存在故障的情况下,不允许电机车勉强运行。

④ 注意:运行途中不允许打开任何电气设备的盖子,如发现故障应返回车库检修。当照明灯玻璃偶尔损坏时必须返回车库修理,以保证机车的安全性能。

⑤ 危险:在巷道内打开电气设备盖子进行修理是非常危险的行为,必须严厉禁止。

(四) 电机车的操作

1. 机车的启动运行及一般规程

① 将钥匙插入指定位置,方可转动反向手柄指向"向前"或"向后"位置。

② 将主手柄转动至1位,如机车开始行驶,说明机车电气线路正常,可继续转动手柄,使机车加速,启动至全电压运行。在转动手柄调速时,应逐渐移动手柄,以免引起电流过大冲击,使自动开关跳闸或引起车轮空转。

③ 位置"5"及"8"是运转位置,允许在这两个位置上长期行驶。

④ 在运行中如发生突然停电时应将主手柄退回零位,以免突然通电时引起冲击,损坏设备。

⑤ 在启动或运行中如发生车轮空转,应立即撒砂增加黏着,以消除空转或将主手柄退回零位重新启动。

⑥ 机车在启动或运行中,如发生自动开关跳闸时,应将主手柄退回零位,将自动开关合闸后重新启动,如仍然跳闸,则应立即停止运行,检查电气线路,排除故障后方可继续运行。

⑦ 注意:必须避免在带电阻位置长时行驶,以免烧坏电阻和消耗过多电能。

警告:不允许主手柄停滞在两位置之间,因为这样会引起电弧烧损触头。

⑧ 机车在运行中应注意有无不正常的声响和气味,各轴承部位有无发热现象,发现问题,应停车检查,加以消除。

2. 电机车的停止

① 须使机车停止时,应先将主手柄退回零位,然后顺时针旋转制动手轮,逐渐加大制动力使机车停止。

② 司机在操纵机车运行时,应根据线路坡度、牵引重量和需要的停车距离很好地控制机车速度,以保证安全可靠地使机车停止。

③ 发现机械制动工作异常,不能可靠制动时,应停车检查制动系统各部分,及时消除故障,制动系统存在故障的情况下,不允许机车勉强运行。

注意:当机械制动时,如用力太猛,会出现闸瓦抱死车轮产生滑行现象,此时制动距离反而增加,为此,应迅速缓解制动,使滑行停止,然后重新制动。此时应撒砂,增加黏着,终止滑行。

警告:不允许采用使电动机反转(打反车)来停止机车。因为这样会严重损坏电动机并使机车传动部分受到很大的冲击而导致损坏。

3. 撒砂装置的应用

① 在机车启动和加速时,可以撒砂,增加黏着,发挥机车牵引力。

② 在运行中,遇有轨道黏着条件不良,引起车轮空转时可以撒砂,改善黏着,以终止空转。

③ 在紧急制动时,可以撒砂,增加制动效果。

七、电机车的维护、修理

(一) 走行装置

1. 走行装置解体

(1) 当须将走行装置从车体中分离出来时,应按下述步骤进行:

① 用垫木或滚动支座从车体下方将托架垫起。

② 拆掉吊杆上方与车体连接的螺母,拆去轴承箱下方托板和电动机接线。

③ 将车架吊起移开。

(2) 当仅须取出牵引电动机时,只要拆除电动机接线,联轴器和电机地脚螺栓,即可将牵引电动机从车体上方吊出。

(3) 如仅更换减速箱内齿轮或轴承时,只需拆开联轴器及减速箱与轮轴结合处的轴承盖,把下箱从下面托住,拆除上下箱连接螺栓,即可将上箱自车架内从上部单独取出检修。

2. 减速箱

(1) 减速箱的装配和调整:

减速箱内部结构如图 2.13 所示。当更换其中零件后进行装配调整时可按下述步骤进行：

① 将从动锥齿轮 19 装在轮心 18 上,用螺栓紧固后用止退垫圈将螺母锁住(轮心与轴 20 为静配合连接),将轴承 12 的内圈热套在轴 20 上。

② 把调节螺栓 14 旋进轴承套 13 中,放入内盖 15 后将轴承 12 的外圈压入到轴承套 13 中。

③ 把装好的转轴,从上箱的开口处送进,再将装好的轴承套 13 从两边轻轻打入轴孔内,将转轴托住,并用螺栓把轴承套 13 紧固在箱体上,调整调节螺栓 14,使轴承 12 处于预紧状态,其松紧程度以在转轴上施加 (68 ± 10) N·cm 力矩能使之转动为适宜。

④ 把轴承 11 的内圈热套到主动锥齿轮轴 10 上,并用挡圈 21 将其固定,再将轴承 3 的一个外圈压入轴承套 9 内,抵紧凸边。

⑤ 将轴承套 9 套在主动锥齿轮上后把轴承 3 的内圈热套在主动锥齿轮轴上,而后将轴承 3 的另一个外圈压入,用轴承盖 1 抵紧,用螺栓把轴承套 9 和轴承盖 1 紧固,通过对其间加减垫片 8 调整轴承 3 的松紧度,使达到轴上施加 (68 ± 10) N·cm 力矩能使之转动为适宜。此后将油封罩 2、油封 7 装入,将半联轴器 6 装入,用止退垫圈 4 和圆螺母 5 锁紧。

⑥ 把装配好的主动锥齿轮 10 和轴承套 9 加垫片 8 若干,装入减速箱上壳,至此减速箱装配及轴承间隙调整已经完成。使轴承在无载荷时处于预紧状态,当受力后,在一个轴承上会出现很小的轴向间隙,此预先留轴向间隙具有更好的支承刚度,提高轴承寿命,但预紧量不宜过大,否则会引起发热和降低轴承寿命。注意:轴承套 9 和轴承盖 1 的回油槽和缺口应置于下方。

(2) 螺旋锥齿轮啮合性能的调整:

首先调整齿侧间隙。为此同时转动轴 20 两端的调节螺栓 14(使已调整好的轴承间隙保持原状)使轴 20 沿其轴向移动,使齿侧间隙达到 0.15~0.40 mm,侧隙的测量如图 2.14 所示,即把丝表的轴头垂直地压在大齿轮的大端齿面上,固定小齿轮,然后摆大齿轮,丝表指针的摆动范围即为齿轮的齿侧间隙。

侧隙调好后,在主动锥齿轮齿面上涂以机油调合的红丹粉薄层,然后转动数十转,观察齿面上的接触斑点,良好的接触斑点区域在工作齿面中部略偏小端,如图 2.15 所示。当接触区域不符合要求时,应加以调整,方法如表 2.4 所示,主动锥齿轮 10 的移动可用增减垫片 8 达到,从动锥齿轮移动,可同时旋转调节螺栓 14 达到。全部调整好之后要用止退垫片 16 将调节螺栓 14 锁住。

上述步骤完成后,可用煤油清洗干净,把上箱和下箱抱合于轮对上用螺栓紧固,把托架和下箱联络好,装电机于托架上,调整好联轴器间隙的同心度,装好联轴器,走行装置装配完毕。减速箱的拆卸可依上述装配过程相反顺序进行。

表 2.4　螺旋锥齿轮接触区的调整

主动齿轮齿面接触部位	接触区域	调整方法	齿轮移动方向
大端		把主动齿轮调整离开从动齿轮,如间隙过大,将从动齿轮向内移动	
小端		把主动齿轮向从动齿轮方向调整,如间隙过小,将从动齿轮向外移动	
齿顶		把主动齿轮调整离开从动齿轮,如间隙过大,将从动齿轮向内移动	
齿根		把主动齿轮向从动齿轮方向调整,如间隙过小,将从动齿轮向外移动	

（3）保养、维修：

① 轴承和齿轮调整到合适状态是保证减速箱正常运转的重要因素,所以运行一定时期后,要加以检查,调整到合适状态,才能保证可靠地运转,提高寿命。

② 减速箱在工作期间温度过高,首先应检查轴承间隙,如过松或过紧均应加以调整,再检查润滑油的脏污程度,严重时应更换新油,必要时应把减速箱解体,检查轴承工作面情况,如有磨损剥落、麻点等现象应更换新轴承。

③ 新轴承在装配前必须用汽油或煤油去油脂和杂物。

④ 减速箱内的润滑油必须定期补充和更换,更换时,打开下部螺塞放油,由上部注入新油。可用 HJ-50 机械油或齿轮油（冬天用 HL-20,夏天用 HL-30）。

⑤ 减速箱、半联轴器和轮轴处漏油严重时应检查该部位的油封,如严重磨耗或烧损时,应更换新油封,在安装新油封前应将密封轴径表面擦洗干净,少许涂一层润滑油,再行安装。安装操作应细心。

⑥ 当不更换零件,只进行齿轮和轴承的调整时,可不拆卸减速箱进行,但工作应细心,使用工具应清洁,不得将杂物掉入箱内。拆卸及重新装配时,要将各零部件擦洗干净,箱内润滑油如混有杂质,将导致齿轮和轴承的早期磨损。

3. 轮对

(1) 轮对轴承的调整:

轮对上装有减速的单列球轴承 6216 和轴承箱的单列圆锥滚子轴承 30213,轴承座结构如图 2.5 所示。30213 轴承的调整可按下述步骤进行:

① 不加垫片,装好轴承盖,并紧固螺栓,使轴承能灵活转动但又不应有轴向间隙,然后用塞尺测量轴承盖和轴承座之间的间隙"T"。

② 把测得"T"加上 0.05~0.12 mm,按此数值选取垫片,再拆下轴承盖垫上选好的垫片,紧固螺栓。

③ 轴承 6216 在减速箱抱合在轮轴上后的高速方法同上。轴向间隙不大于 0.1 mm。

(2) 保养和维修:

① 每天检查机车时应注意车轮有无松动、轴承箱是否发热。

② 在定期检修中要检查年轮踏面和轮缘的磨损情况,当在滚动圆表面发现深度大于 3 mm、长度大于 5 mm 的凹坑时,应取下车轮在车床上旋光,并保证机车上任意两车轮滚动圆直径偏差不得大于 1 mm。

③ 当车轮滚动圆直径小于 470 mm,或轮缘在距滚动面径向高度 12 mm 处,厚度小于 13 mm 时,应更换新车轮。

④ 轴承箱应定期清洗,更换润滑脂,并调整轴承间隙。导板槽处添加润滑脂。

4. 导电装置的维护

用以把电流引导向轨导,避免流经齿轮和轴承。在经常运行中应检查、保持可靠接触。清除电刷下聚集的尘埃、泥土,定期更换防尘毡垫,随着电刷不断的磨耗,应调整调节螺母,以保持弹簧的压力在 19~34 N,电刷磨损到无法调整时,应予更换。导电装置结构如图 2.16 所示。

5. 联轴器及牵引电动机悬挂系统的维护

(1) 应定期检查所有紧固零件情况,如有松动应及时紧固。

(2) 联轴器结构如图 2.17 所示,应定期检查橡胶胎壳,有永久变形及裂纹应予更换。如由于牵引电动机位移引起联轴器两轴心线偏移太大时,应调整电机位置,使偏差不大于 0.5 mm。

(3) 牵引电机正常状态处于水平位置,偏离时可调节吊杆上螺母,恢复水平位置,装配时应使所有橡胶减震垫圈均处于受压缩状态,当垫圈有严重变形、老化、磨损、开裂时,予以更换。

(二)制动装置

(1)制动装置结构如图 2.8 所示。每次机车运行前均应检查制动装置情况,如有故障、损坏和严重磨损时,必须更换修理。

(2)在缓解状态时,制动闸瓦处于和车轮踏面同心位置上,不同心时可调整弹簧,使之达到。

(3)应按照闸瓦磨损程度经常调整连接器,使制动闸瓦与车轮踏面间的间隙保持在 2～3 mm 范围内。

(4)应经常清除泥污。丝杆、销子、轴承等处应添加润滑油,保持灵活,减少磨损。

(5)当制动闸瓦磨损至厚度 10 mm 时,即应更换新闸瓦,更换时,拆下连接器,将闸瓦托上的斜销打出,即可取下闸瓦。更换好新闸瓦后,应相应调整连接器和弹簧达到上述要求。

(6)注意:机车制动距离每年至少要测量一次,其制动距离应符合《煤矿安全规程》的要求。

(三)撒砂装置

(1)砂箱结构如图 2.9 所示。踩动踏板时砂箱应处于打开位置,使砂子能顺利流出,踏板不受力后,恢复弹簧应能使砂箱回到原关闭位置。不能复位时,应调节弹簧长度增加恢复力,并检查各系统有无卡死现象,加以消除。在各活节销处添加润滑油,使操作灵活。

(2)当砂子不能正确落在轨道上时,应检查出砂导管位置,调整到正确位置。

(3)当砂箱回到关闭位置时,如有漏砂,应检查砂箱出砂口与支座之间距离,除去卡在其间的大砂粒,把间隙调到 0.5～1 mm。

(4)应定期检查各活动连接处,添加润滑油,并清除聚集的泥土和砂管内黏砂。

(四)弹簧悬挂装置

(1)弹簧系统必须经常检查,发现有断片、裂纹必须更换。

(2)弹簧片应经常润滑,须清除灰尘和泥土,浇润滑油于弹簧片侧面,使油沿弹簧片侧面流入片间。弹簧两端簧耳部和轴承支点处应定期添加润滑油。

（五）电气设备及电气线路

（1）各电气设备的使用、维修见各自产品说明书。

（2）机车在日常使用中，交接班时，应检查电气线路各部件，发现故障不得勉强使用，应按电气设备接线图，查找故障部分，再按该部件的使用说明书排除故障。

（3）应定期检查电气线路连接导线状况，导线绝缘有破损、老化、腐蚀等现象时应及时处理或更换，以免引起短路损坏电气设备。

（4）在多雨季节，应检查电气线路绝缘情况，当电气设备及线槽有积水时应及时排除，并注意及时清除电气设备内的积灰和煤尘，避免由此引起短路。

（六）机车的润滑

机车的润滑要求如表 2.5 所示。

表 2.5　润滑制度表

部件名称	润滑件名称	润滑制度	润滑剂	添加量
弹簧装置	弹簧片	每月一次	50 号机械油	适量
	板弹簧支承点	每月一次	2 号钙钠基润滑油	适量
轴箱	轴承	半年一次	2 号钙钠基润滑油	适量
	轴箱导板槽	每周一次	2 号钙钠基润滑油	适量
受电器	滑动轴承	每月一次	2 号钙钠基润滑油	适量
减速箱	齿轮轴承	半年一次	50 号机械油或齿轮油	5 kg
制动装置	制动丝杆，连接器螺纹	每周一次	50 号机械油	适量
	轴承活节销	每周一次	50 号机械油	适量
撒砂装置	销子、支承点	每周一次	50 号机械油	适量

（七）说明书附图

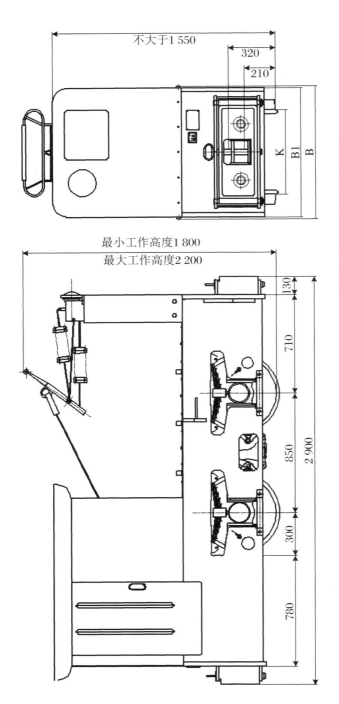

图2.1　CJY3电机车外形图(单位：mm)

型号	轨距K (mm)	B1 (mm)	B (mm)
CJY3/6G	600	920	944
CJY3/7G	762	1 082	1 106
CJY3/9G	900	1 220	1 244

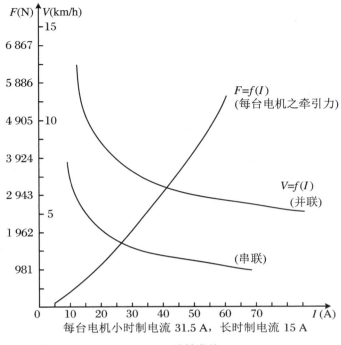

每台电机小时制电流 31.5 A, 长时制电流 15 A

图 2.2　特性曲线

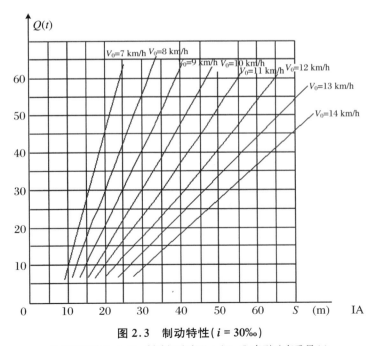

图 2.3　制动特性($i = 30‰$)

S-制动距离(m)；V_0-制动初速度(km/h)；Q-牵引矿车重量(t)

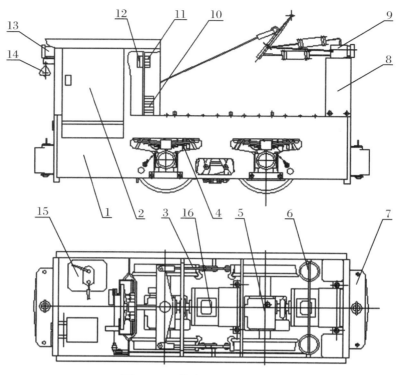

图 2.4   总体布置和主要结构

机械部分:1. 车架装置;2. 顶棚装置;3. 制动装置;4. 弹簧装置;

5. 走行装置;6. 撒砂装置;7. 缓冲装置;8. 盖板支架

电气部分:9. 受电器;10. 启动电阻;11. 直流变换器;12. 自动开关;

13. 照明灯;14. 铜铃;15. 司机控制器;16. 牵引电动机

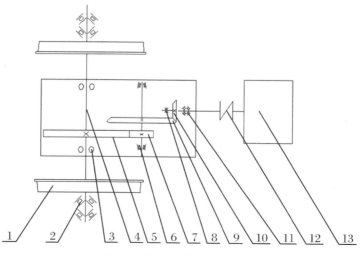

图 2.5   传动系统(一个动轴单位)

1. 车轮;2. 单列圆锥滚子轴承 30213;3. 单列向心球轴承 6216;4. 轮轴;5. 从动正齿轮;

6. 单列圆锥滚子轴承 32307;7. 小正齿轮;8. 单列向心短圆柱滚子轴承 6221;9. 从动锥齿轮;

10. 主动锥齿轮;11. 串激牵引电动机 ZQ-18-1;12. 弹性联轴器;13. 串激牵引电动机 ZQ-18-1

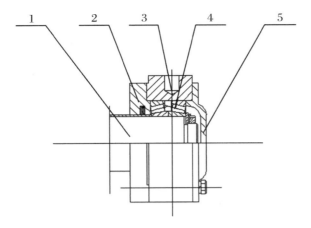

图 2.6　轴承座结构

1. 轮轴;2. 轴承盖;3. 轴承座;4. 单列圆锥滚子轴承 7213;5. 轴承盖

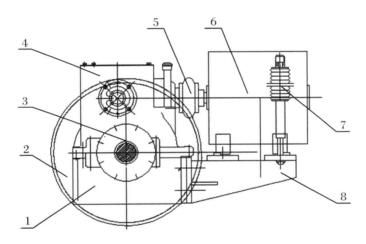

图 2.7　走行装置

1. 减速箱下箱;2. 轮对;3. 导电装置;4. 减速箱上箱
5. 联轴器;6. 牵引电机;7. 吊杆;8. 托架

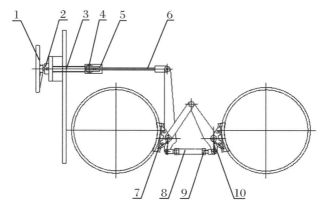

图 2.8　制动系统结构

1. 手轮;2. 套筒;3. 制动杆;4. 特殊螺母;5. 横臂;6. 拉杆;

7. 闸瓦块;8. 连接器;9. 调节螺母;10. 斜销

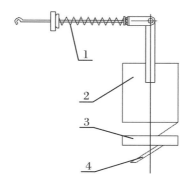

图 2.9　砂箱结构

1. 可调弹簧;2. 砂箱;3. 支座;4. 出砂管

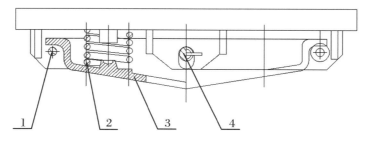

图 2.10　缓冲器结构

1. 销子;2. 弹簧;3. 缓冲器壳;4. 牵引销

手柄位置	主令触头编号						阻值Ω
触头	SK1	SK2	SK3	SK4	SK5	SK6	
0	0						
1	0	0					7.9
2	0	0	0				4.6
3	0	0	0				3.3
4	0	0	0	0			1.65
5	0	0	0	0	0		0
6	0	0	0	0	0		1.65
7	0	0	0	0	0	0	0.727
8	0	0	0	0	0	0	0

反向触头闭合顺序表

手柄位置	反向触头编号							
触头	SKf1	SKf2	SKf3	SKf4	SKf5	SKf6	SKf7	SKf8
向前	0	0	0	0				
零								
向后					0	0	0	0

电阻值：$R1=1.3\ \Omega$
$R2=3.3\ \Omega$
$R3=3.3\ \Omega$

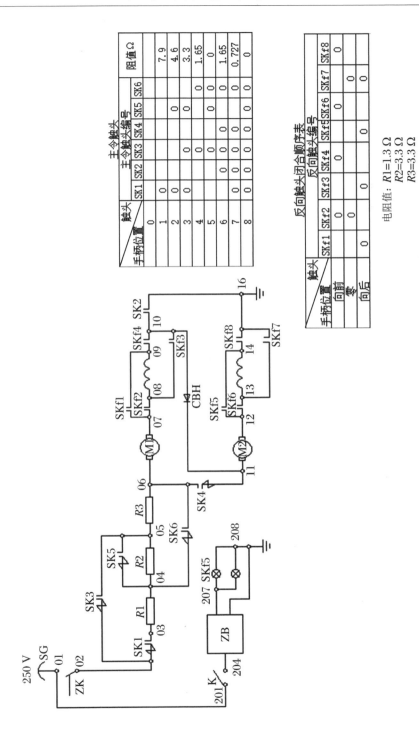

图2.11　电气原理图

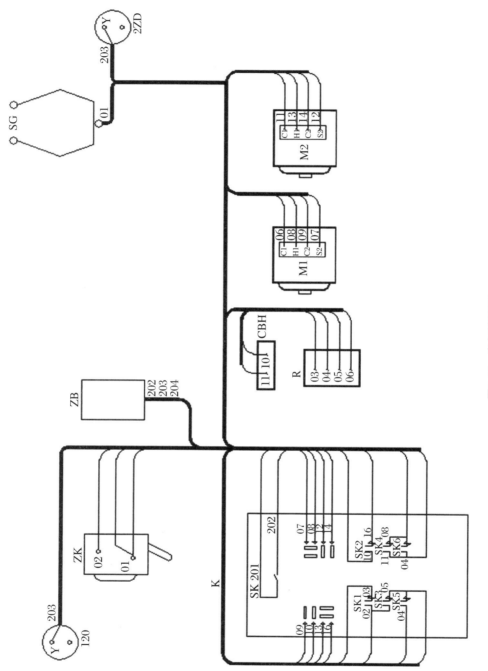

图2.12　电气接线图

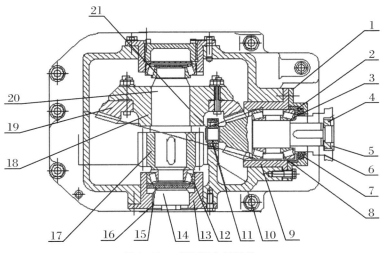

图 2.13　减速箱内部结构

1.轴承盖；2.油封罩；3.轴承；4.止退垫圈；5.圆螺母；

6.半联轴器；7.油封；8.垫片；9.轴承套；10.主动锥齿轮；

11.轴承；12.轴承；13.轴承套；14.调节螺栓；15.内盖；

16.止退垫片；17.小正齿轮；18.轮心；19.从动锥齿轮；20.轴；21.挡圈

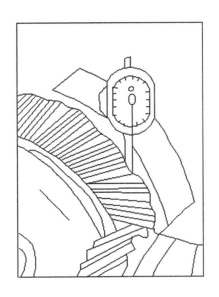

图 2.14　齿轮侧隙测量

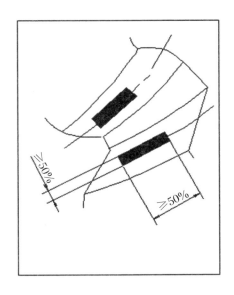

图 2.15　接触位置

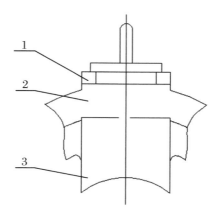

图 2.16　导电装置

1. 锁紧螺母;2. 导电支架;3. 带尾电刷

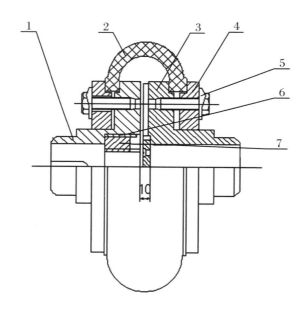

图 2.17　联轴器

1. 半联轴器;2. 橡胶胎壳;3. 半联轴器;4. 压块;

5. 止退垫圈;6. 止退垫圈;7. 圆螺母

第三章　装岩机的使用与维护

电动装岩机是单斗、轻型的装运机械，其用途是将放炮崩落下来的岩石或矿石装入矿车，实现装载机械化，它适用于小断面、水平或倾斜度小于 8°的巷道掘进，所装材料很广，如花岗石、金属矿、一般岩石、砂子、盐等。所装岩石直径最大可达 500 mm，在直径 200～300 mm 时，其效率最高。本机能防潮防滴，在干燥与潮湿地方均可使用。本机为非防爆型。

一、机器的构造

电动装岩机主要由行走部分、铲斗部分、回转部分及提升部分、电气部分四大部分组成。

1. 行走部分

行走部分由行走电动机、行走减速箱和行走车轮组成。在行走减速箱体里，运动由电动机经过多级齿轮减速而传递到两个车轮轴上，由电机正反转实现前进和后退。行走减速箱体的前部，有一块状半圆缓冲器，当铲斗往岩石中插入时，铲斗支持到缓冲器上。箱体后部铸有一个电机车型的缓冲器，它可以挂不同高度的铲车，挂车是用销子实现的。在箱体上部，装有箱盖（回转托盘），并通过螺栓、定位销与箱体固定连接，箱盖（回转托盘）上部安装滚珠座和滚珠，以便上部机体回转轻便灵活。带有法兰盘固定装置的电动机，安装在行走减速箱的一侧，用螺栓与行走箱体固定。

2. 铲斗部分

铲斗部分是由铲斗、左铲斗架和右铲斗架及连接左右铲斗架用的轴和轴套等组成。铲斗是一个前壁敞开的焊接箱，它是用钢板组焊而成的。为了增加铲斗的支承面，铲斗后壁上装有弓形板，弓形板被弯成和行走箱体前部半圆缓冲器一样的形状。左右铲斗架是铸钢件，它的弧面上铸造出多个圆槽。轨面上焊接多个半圆滚子，在滚动时作定位用。在链条提升铲斗时，安装在横梁及铲斗架上的弹簧，可以减轻铲斗的冲击力。

3. 回转部分及提升部分

回转部分及提升部分主要由回转台、提升链条、导向滑轮、提升减速机组成，主要用来提升铲斗、卸载以及回转用。回转台是铸钢件，安装在行走部分的箱盖（回转托盘）上，回转台下部通过滚珠座、滚珠与箱盖相连，通过滚珠实现回转台的左右回转，本机的回转是通过手动实现的。在转台的前部装有一根支撑在轴承座上的靠轴，用来确定铲斗架与转台之间的相对位置。在转台的两侧壁上制有两条纵向倾斜的导轨，上面焊有半圆滚子，工作时，左右铲斗架沿其上滚动。在转台后部铸有两个固定导向滑轮用的支架，导向滑轮将链条引导到铲斗减速机的提升卷筒上。提升减速机由电动机通过二级齿轮减速后，带动提升卷筒转动而实现铲斗的提升和卸载工作。回转部分和铲斗部分可由纵轴线左右回转,回转是由装岩机司机用手来进行的。

4. 电气部分

电气部分主要安装于两个用钢板焊接的左右操纵箱内,其动力分为行走和扬斗两部分,均选用规格相同的电动机分别安装在行走减速箱侧面和提升减速箱侧面。

在左操纵箱内安装着机器行走电动机的操纵设备,在右操纵箱内安装着扬铲电动机的操纵设备和电源开关,主要为交流接触器及控制按钮。所有按钮皆为点动操作,通过点动相应的按钮实现装岩机的前进、后退和扬斗卸载,铲斗的回落是靠自身的重力实现的。

本机系采用三相、380 V、50 Hz 的交流电源,适用于三相三线或三相四线供电制,金属机体均可靠接地或接零,整个电气装置的短路保护是靠井下锁电装置中的熔断器来实现的。

二、机器的操纵与使用

(一)开车前的准备

(1)新机器投入使用时,先在行走和提升减速箱内加入 40 号机械油。

(2)对机器需润滑部位加注适当的润滑油,并检查有无干扰卡住现象。

(3)检查链条各连接部分是否牢固。

(4)将电源接通,空车操纵,检查各个按钮操作是否灵活,运作是否准确。

(5)在装岩机后部挂好矿车。

(二)操作方法

本装岩机全部用控制按钮来操纵,左、右操纵箱上布置了作用相同、位置相对应的控制按钮。司机可根据具体工作场地的条件,在左、右操纵箱的任何一面进行操作。装岩时,司机两手握住操纵箱上的把手,两手的大拇指根据需要按压装在把手附近的控制按钮,铲斗向左、右两侧的回转是在铲斗下放时进行,铲斗提升时,转回到正中位置进行卸载,都是由司机用手进行控制。装岩机进行装岩,主要有以下三个操作工序:

1. 铲斗下放到最低位置,机器向工作面运动,进行装岩

开始装岩前,先将装岩机停于离岩石堆 1~1.5 m 的地方,将铲斗下放到最低位置,然后按压"前进"按钮,往前开动装岩机,直到铲斗插入岩石堆内为止。

为了更好地装满铲斗,在铲斗插入岩石堆的同时,应短促地按压"提升"按钮,使提升电机继续开动,以使铲斗发生抖动,与此同时,继续按压"前进"按钮,使装岩机继续向前,以便更好地装满铲斗。

2. 提升铲斗,将所装岩石卸入矿车

在铲斗装满岩石后,按压"提升"按钮,开动提升电动机提升铲斗,将所装岩石卸入矿车内,铲斗卸料后,借缓冲弹簧的反冲力作用和铲斗本身的自重而自动下落到原来的最低

位置。

3. 机器退离工作面,准备第二次装岩

在铲斗卸料后,司机按压"后退"按钮,将装岩机退离到离岩石堆1～1.5 m处,然后再按照上述操作程序进行第二次装岩。

(三) 注意事项

(1) 在铲斗提升过程中,司机必须正确、准时地切断电源,一般当铲斗被提升到过了垂直位置即可断电,最迟也必须在铲斗架靠近缓冲弹簧之前断电,使铲斗架借惯性作用平稳地碰撞缓冲弹簧而倒出岩石,严格避免断电过迟而使铲斗架强烈地撞击缓冲弹簧,从而严重影响链条及提升减速器的使用寿命。

(2) 铲斗卸料后,借缓冲弹簧的反冲力作用和铲斗本身的自重而自动下落到原来的最低位置时,当铲斗将要落到最低位置前,应短促地开动提升电动机,以消除惯性,从而避免由于电动机和减速器的转动惯性作用而将链条从反方向缠到卷筒上,防止铲斗回跳。

(3) 在装岩机向工作面运动时,有些司机企图用加快速度使铲斗冲击岩石的方法来达到装满铲斗的目的,这是不应该的,因为这样做不但不能使铲斗装满,而且对机器有很大的损伤。

(4) 在装岩过程中,应首先从工作面的中间铲取,然后铲取两侧的岩石,因在铲取中间部分的岩石时,两侧的岩石被松动了,再铲取时就容易装满铲斗,同时先铲取中间部分腾出道轨来也便于装两侧的。在装岩时,若岩块直径小,块度均匀,且堆积疏松时,可采取一次给电快速提升的方法进行装岩;如岩块较大,不好装时,则采取多次给电,缓慢提取装岩;当发现岩石堆中有大块岩石时,则应首先铲取大块岩石周围的岩石,待大块岩石全部露出后,再去铲取,在装大块岩石或装两侧岩石时,必须柔和给电,不应插铲、提铲过猛,尤其是遇有拉底未爆破的岩石时,更不应硬撞,以防止出轨、断链和损伤设备,保证安全、高效装岩,当遇到岩石块过大时,则应经过处理后再行装载。

三、机器的维护、保养与检修

(一) 日常维修

(1) 用压缩空气吹洗装岩机上的所有外露部件,特别是供铲斗架来回滚动的两道轨,以减轻铲斗架轨面的磨损。

(2) 认真检查装岩机各部件,减速器及电动机等所有螺栓的连接情况,如有松动及时拧紧。

(3) 检查提升链条、缓冲弹簧、回转托盘以及导向滑轮、提升卷筒的固定情况,消除各种轻微故障。

（4）检查减速器齿轮的转动是否正常，有无不正常的噪音。

（5）司机必须在坑口电工的配合下，经常检查整个金属机体的不导电部分是否可靠接地，电线端子是否松动，地线连接是否可靠，各部分电气触点是否正常接触，有无烧伤情况或尘垢锈蚀现象，电源电缆有无压损漏电现象，发现问题应及时处理。

注意：线路对地绝缘电阻，用 500 V 摇表测定；其值应不低于 2 MΩ。

（6）及时地注油能减轻机器的磨损，增加机器的使用寿命，保证机器的正常运转，因此，司机在检查各部件的同时，还应按规定定期注油，以保证机器有良好的润滑。

（二）检修周期

（1）日常维修：每班。

（2）小修：一个月。

（3）中修：半年。

（4）大修：一年。

（三）可能发生的故障与防止故障的方法

可能发生的故障与防止故障的方法如表 3.1 所示。

表 3.1　可能发生的故障与防止故障的方法

序号	故障种类	可能发生故障的原因	防止故障的方法
1	车轮出轨	1. 轨道规格不良。 2. 轨道面上有障碍物。 3. 司机操作不熟练	1. 要求铺轨合乎规格，轨距误差不超过 10～20 mm，道钉钉牢，接头及轨身保持平直不歪斜。 2. 要勤扫道面岩石。 3. 装岩石不要过猛，特别是装两侧岩石时，严格掌握平稳和缓，以免机器受到过大的侧面力。 4. 装岩机拐弯时必须慢速开行，并用手辅之以转向力
2	上部机体回转不灵活	1. 滚珠座螺栓松动，滚珠跳出槽外。 2. 滚珠座内掉入岩石。 3. 滚珠槽磨深，上下座圈接触。 4. 回转托盘和转台间掉入岩石	1. 经常检查连接螺栓。 2. 安装时注意检查各滚珠座之间的间隙。 3. 安装时注意检查回转托盘与转台之间的间隙

（四）安全制度

为避免不幸事故的发生，装岩工作时，必须严格遵守下列各项主要安全制度：

（1）司机在操作前，必须仔细检查机器各部分的连接情况和电器设备的接线情况是否良好，观察巷道爆破情况，检查轨道、轨距是否正确，铺设的长度是否足够，确信没有问题后方可操作。

（2）装岩时，司机所在操纵的一面，装岩机与巷道侧壁的距离需在 300 mm 以上，否则不许操作，以免挤伤司机。

（3）禁止任何人靠近铲斗的动作范围内，在卸载时，任何人不得靠近挂在装岩机后的矿车附近。

（4）检查、涂油和修理装岩机时，必须事先使装岩机各部件都处于稳定状态，严禁在机器工作时，进行注油或清理岩尘等工作。

（5）铲斗仅靠链条的牵引而提起时，禁止在铲斗底下进行任何工作。

（6）没有电工的配合，司机不得自己动手拆除或修理电器设备。

（7）不得两人同时操纵一台装岩机。

（8）非装岩机司机，在没有得到司机的同意之前，任何人不得按动装岩机的操纵按钮。

（9）司机离开装岩机时，必须切断电源，给电时应事先通知机器周围的人员。

（10）放炮以前，装岩机须退离工作面 20～30 m。

（五）注意事项

（1）如需要打开操纵箱盖子进行检修时，必须事先切断电源，然后再用验电器检验，确保断电后才可检修。

（2）接触器的触点烧损较严重时，应及时更换，切勿迁就使用。

（3）在移动装岩机时，司机必须注意电缆的位置，以免被车轮压坏。

（4）在运转过程中，如发生故障应立即停车，查明原因进行修理，在所发现的故障尚未消除前不得继续开车使用。

（5）巷道必须符合标准要求，平直而没有开帮拉底现象，如不符合规格，应返工修理。

第四章　液压站的使用与维护

液压站是矿井提升机的重要部件,它和盘形制动器组合为一完整的制动系统,其性能和质量好坏,直接影响矿山的产量、设备的寿命、人身的安全等,因此使用单位应十分重视液压站这一重要部件。现以 TSY-3.5D 液压站为例进行介绍和讲解。

一、TSY-3.5D 液压站主要作用及特征

(1) 可以为盘形制动器提供能够调节的压力油,以获得不同的制动力矩。

(2) 在竖井等速段运行如遇事故状态下,可以使盘形制动器的油压迅速降到预先调定的某一值,经过延时后,制动器的全部油压值迅速回到零,使制动器达到全制动状态。

(3) 液压站布局合理、实用、维修方便。强磁过滤器布局在液压站油管出油口,能有效过滤从盘闸及油管中回油带来的铁屑、焊渣等金属物。

(4) 液压站的油压采用先进的比例控制技术,使得电流变化对应的油压变化值的可调性非常好,其控制电流与油压的线性度及重复精度高,油压与控制电流的跟随性好,完全符合 JB/T3277—2004 的规定。

二、主要技术参数

制动油最大压力　　　　　　　　　　　　　　6.3 MPa

最大输油量(所有出口油量的总和)　　　　　9 L/min

油箱储油量　　　　　　　　　　　　　　　　490 L

正常工作油温　　　　　　　　　　　　　　　15~65 ℃

制动油牌号　　　　　　　　　　　　　　　　HM-N46(GB7631.2)抗磨液压油

比例溢流阀控制电流　　　　　　　　　　　　<450 mA

二级制动延时时间　　　　　　　　　　　　　0~10 s

残压　　　　　　　　　　　　　　　　　　　≤0.5 MPa

三、液压站的结构原理

TSY-3.5D 液压站,分为互相独立的工作制动和安全制动两部分。为了确保提升机的正常工作,工作制动部分又由两套组成,一套工作,另一套备用。

工作制动部分均由相同的电机 1、油泵 2、高压滤油器 3、比例溢流阀 4、液动阀 5 等部件组成。

安全制动部分由电磁阀 17、电磁阀 18(各两件),减压阀 15,溢流阀 7,蓄能器 8 等部件组成。在此系统中,液压站为盘形制动器提供了不同油压的油源,主油压的变化是由比例溢流阀 4 来控制的,此时安全制动装置的 A 管、B 管进入盘形制动器,油压的变化是通过绞车司机控制比例溢流阀的电流大小来实现的,从而达到了调节制动力矩的目的。

当提升机实现安全制动时(其中包括全矿断电)油泵 2、电机 1 将停止转动,即整个工作制动部分不向盘形制动器提供压力油,而安全制动部分参与工作,盘形制动器 A 管的压力油通过电磁铁 G2(已断电)迅速回到油箱油压降到零。盘形制动器 B 管的压力油通过电磁铁 G1(已断电),一部分压力油经过溢流阀 7 流回油箱,另一少部分压力油流到蓄能器 8 内,使其油压值 $P1'$ 增加到 $P1$,即为一级制动油压值。经过电气延时继电器的延时后,电磁铁 G4 延时断电,电磁铁 G3 延时通电(阀 17.1 和阀 17.2 需外加直流电源),使 B 管处的盘形制动器油压全部降到零压,达到了全制动状态。

在安全制动部分,一级制动油压值是通过减压阀 15 和溢流阀 7 调定的,在正常工作时工作油压经过减压阀 15 后就得到一个油压值 $P1'$,此时蓄能器 8 里的油压就是 $P1'$,而溢流阀 7 调定的油压值 $P1$ 就是一级制动油压值,它比 $P1'$ 大 0.2~0.3 MPa 即可。这就是工作制动和安全制动部分的工作原理(图 4.1)。

四、调试

(一) 调试目的

液压站调试的目的是使液压站的各种性能达到如下的要求:

(1) 油压稳定,即油压 P 在 4 MPa 以上,其波动值不大于 0.4 MPa;油压 P 在 4 MPa 以下波动值不大于 ± 0.2 MPa。

(2) 油压-电流应呈线性关系,且随动特性要好(即油压滞后电流的时间不大于 0.5 s),重复性要好。

(3) 在紧急制动时,液压站应具有良好的二级制动性能,二级制动时间由用户在电气安装时设置(其特性见图 4.2、图 4.3)。

油压 P_{max} 由 A 点降到 B 点,即贴闸皮状态,对应的时间 t_1 为空行程时间。

油压由 B 点降到 C 点,即为一级制动油压值,经过 t_2 时间的延时后到达 D 点,由 D 点

降到 E 点,完成了二级制动。

(二)调试过程

液压站达到上述要求后,才能正常运行,具体调试过程如下:

(1)清洗油箱及有关管路以及各个液压元件。

(2)将油箱注满规定的液压油后,按液压站的电控原理图进行接线。

(3)为了更好试验液压站的各种性能,包括渗漏现象,该制动系统应在 6.3 MPa 的条件下进行试验。

(4)电磁铁 G1、G2 不通电,作如下调整:

① 启动油泵电机,电磁铁 G4 通电,启动开闸手柄,此时观察压力表是否随电流变化而变化,若是,则比例溢流阀处于正常工作状态。

② 调整最小残压值,使残压≤0.5 MPa。

③ 有规律地改变电流的大小,可以得到油压的有规律变化,并将其对应关系记下来,且作出相应油压-电流特性线(图 4.4)。

正常工作时比例阀输入电流在 300～400 mA 范围即可满足工作压力需要。使操纵台手把在全行程范围移动时,电流在 0～所需 I_{max}(mA)电流范围内变动,在这一工作中观察油压波动情况:跟随性、重复性、有无较大噪音等。在这些特性均能满足使用要求的条件下则可进行另一套工作制动的调试,调试过程同上。

(5)安全制动部分的调试:

① 电磁铁 G1、G2、G4 通电,A 管、B 管的制动器通入高压油,观察压力表是否达到 6.3 MPa 及各阀之间是否有渗漏油现象,并观察盘形制动器动作情况。

② 调节减压阀 15 和溢流阀 7 使蓄能器的油压分别为 5 MPa、4 MPa、3 MPa、2 MPa、1.5 MPa 等。在这些油压状态下,使电磁铁 G1、G2 断电,并通过调整电气部分的延时继电器,使电磁铁 G3、G4 在不同的时间内,分别延时断电油路通和延时通电油路通,使 B 管的盘形制动器油压降为零,达到了全制动状态,其油压特性如图 4.5、图 4.6 所示。

一级制动油压值 $P1$ 级由减压阀 15 和溢流阀 7 共同调定,减压阀 15 调整油压为 $P1'$ 或观察油压表 9,然后调整溢流阀 7,在实行二级制动时,油压表 9 上显示油压为 $P1$ 级时即为正确位置,一级制动延时继电器时间 T 由电控部分的延时继电器来调定($P1$ 级和 T 值的选定详见后述)。

③ 各电磁阀接线时应严格按液压站的电控原理图进行接线,并注意各阀的铭牌,千万注意直流与交流的区别,以免烧坏电磁铁。

(三)联锁要求

上面只介绍了调试的顺序及注意事项,为了确保使用过程中的安全性和可靠性,各阀的动作还要严格满足联锁要求。

(1)产生安全制动时,电磁铁 G1、G2 必须断电,比例溢流阀、电机也应断电,电磁铁 G4 延时断电,G3 延时通电,以保证二级制动特性。但当提升容器运行到井口时,电磁铁 G4 应立即断电,没有延时要求。

（2）对于竖井，在井口一定要解除二级制动，防止过卷，解除二级制动的开关设在减速之后附近，精确距离由用户自定。

（3）解除安全制动，比例溢流阀为零，制定手柄位置于制动位置时，才允许电磁铁 G1、G2 通电。

（4）油泵电机在斜面操纵台上必须有单独停启开关，在正常工作时，该电机一直运转。

（5）用于双筒提升机，在调节水平时，应有如下联锁要求：

① 如果需要调节水平时，司机必须将操纵台上的转换开关打到另一位置，此时电磁铁 G1、G2、G3、G4 均应断电，同时关闭去 B 管的截止阀。

② 接通电磁铁 G2，仍要求电磁铁 G1、G3 断电，此时司机可以转动固定卷筒进行调节水平。

③ 水平调节完毕后，重新将电磁铁 G2 断电，直到齿块完全合上后，将转换开关扳到正常位置，此时调绳联锁全部解除。

注意：对每一组盘形制动器闸瓦间隙调整时，其余制动器应处于制动状态，以防止溜车发生！

五、故障处理

液压站在具体调试和正常使用过程中，可能会出现这样或那样的故障，将可能出现的常见故障及处理方法介绍如下：

（1）电机启动后没有压力。

产生故障的原因可能是：

① 电机旋转方向反了。

② 比例溢流阀未通电或接到了另一组比例溢流阀的线。

③ 压力表堵塞，观察不到压力。

④ 比例溢流阀主阀芯卡死或运动不灵活。

排除方法：将主阀芯拆下清洗，并对主阀芯阀套部位也要进行清洗。

（2）二级制动压力建立不起来。

产生故障的原因可能是：

① 溢流阀、减压阀未调好。

② 溢流阀或减压阀被污染物堵塞或卡死。

排除办法：

① 配合调整溢流阀和减压阀。

② 清洗溢流阀或减压阀。

（3）在长期使用中，安全制动装置中的各集油路之间、阀与集油路之间有大量漏油，且油压下降，松不开闸，其原因是它们之间的连接螺钉可能有松动现象，将螺钉拧紧可以消除此故障。

（4）工作油压正常，但松不开闸，或者只松开一部分闸，其原因是电磁铁 G1、G2、G4 所需电压过低或过高，将线圈烧坏，检查电气线路及电磁阀线圈情况，即可消除此故障。

六、二级制动油压值的选择计算

首先要弄清楚什么是二级制动？简单地说，就是将某一特定提升机所需要的全部制动力矩，分成二级进行制动，第一级制动力矩使提升系统产生符合煤矿安全规程规定的减速度，以确保整个提升系统平稳、可靠地停车，然后第二级制动力矩全施加上去，使提升系统安全地处于静止状态。

（一）最大油压值的确定

油压值 P_1 是根据产品允许的最大静张力差计算而得出的，而与实际张力差相应的油压值应按下式进行计算：

1. 竖井提升最大油压值的确定

$$P_X = KP_1（不包括综合阻力）$$

其中，当 $F_c / \sum m \geqslant 1$ 时，$K = 1.1\, F_c/F_H$（1.1 为静拉力和质量影响系数，无量纲）；当 $F_c / \sum m < 1$ 时，$K = 1.1 \sum m/F_H$（其中，1.1 的单位为 m/s）。

$\sum m$——整个提升系统的变位质量；

F_c——实际最大静张力差（kg）；

F_H——产品允许的最大静张力差（kg）；

P_1——产品允许的最大油压值（kg/cm²）；

※ P_1 是在制动器的闸瓦摩擦系数 $M = 0.35$ 时得出的，当 $M = 0.45$ 时可在相应的说明书中查得；

P_x 为制动油压，其松闸油压值应为 $P_a = P_x + C$；

C——综合阻力（kg/cm²）。

2. 斜井提升时最大油压值的确定

① 双钩提升时：

$P_X = KP_1$（和竖井重物下放的方法相同）。

② 单钩提升时：

$P_X = K_1 P_1$（K_1-倾角影响系数，见表 4.1）。

表 4.1　倾角影响系数

倾角 α	30°	25°	20°	10°~15°
影响系数 K_1	1	0.89	0.8	0.6~0.72

注：若实际矿井的倾角为任意角，可用插值法近似地求出 K_1。

(二) 一级制动油压值的确定

1. 竖井重物下放时

$$P_1 = 2P_x - \frac{0.78 \sum G + 5.1\ Fc}{A \cdot n}$$

$\sum G$——整个提升系统的变位重量(kg);

n——盘形制动器的油缸数;

A——盘形制动器的活塞面积(cm^2)。

2. 斜井重物提升时

① 双钩提升:

$$P_1 = 2P_X - \frac{0.51 \sum G_1 a + 5.1\ F}{A \cdot n}$$

$\sum G_1$——不包括提升侧的系统的变位重量(kg);

a——提升侧容器和容重的自然减速度,$a = 3(m/s^2)^2$,$\alpha \geqslant 17°$;$a = g(\sin \alpha + f\cos \alpha)$,$\alpha < 17°$;其中,$g = 9.8\ m/s^2$,$f = 0.015$;

F——下放侧的静拉力(kg),$F = (Q_n + P_L)\sin \alpha$(kg);$Q_n$-容器自重(kg);$P_L$-钢绳自重(kg)。

② 单钩重物提升:

$$P_1 = 2P_X - \frac{0.51 \sum G_2 \cdot a}{A \cdot n}$$

其中,$\sum G_2$——所有转动部分的变位重量(kg)。

(三) 一级制动时间的确定

$$t = \frac{V_{max}}{a}$$

竖井重物下放:$a = 1.5\ m/s^2$。

斜井重物提升:$a = 3\ m/s^2$,　　$\alpha \geqslant 17°$;

　　　　　　　$a = g(\sin \alpha + f\cos \alpha)$,$\alpha < 17°$;

　　　　　　　V_{max}——提升速度(m/s)。

该时间是通过延时继电器调定的。

以上选择计算是正常生产前的预调值,若与实际不符,可适当调整。

七、液压站的维护、保养及注意事项

(1) 液压站的面板以及元件外表要求清洁干净,每班用棉布打扫一次。

（2）液压站调整完毕后，不得随意拧动各阀的相关手柄，以确保提升机的正常使用。

（3）安全制动装置上的各阀应定期检查各螺钉松紧情况。

（4）每个作业班都应检查电磁铁 G1、G2 动作的可靠性。

（5）当提升机有超过 5 min 的停止运行时，应将油泵停转，并将电磁铁 G1、G2 断电，以确保停车的安全性。

（6）如无特殊情况，比例溢流阀不能随便进行拆卸。

（7）液压站储存时，应放入通风、干燥、不潮湿的室内存放。严禁倒置和堆垛放置。若露天存放时，必须采取有效的防雨、防水、防锈等措施，以利于产品的安全和防护。

（8）该液压站在初次使用时，一般需半年更换一次液压油，最迟不得超过一年。正常使用后液压油必须一年过滤一次，两年更换一次，更换油时，新油必须用过滤精度不低于 10 μm 滤油机打入油箱。过滤或更换时一定要在油箱内部用绸布擦干净并用面团或胶泥将粉尘等颗粒黏干净（切忌用棉纱等易掉纤维的织物清洗）。

（9）液压站的油泵吸油过滤器，每年清洗或更换一次。

（10）液压站的精过滤器芯每年（或堵塞报警时）更换一次。

（11）液压站管道出油口的强磁过滤器在试车完后，必须清洗一次；使用一至两周内清洗两次；三个月后再清洗一次，以后每年清洗一次。清洗时，必须将强磁环取出，将磁环和两端体中的铁屑、铁粉、铁锈颗粒清除。

（12）清洗液压元件，必须使用煤油清洗，不得用机油或柴油清洗。因为机油和柴油的黏度大，不易清洗干净，且柴油和机油本身的清洁度较差。

（13）在正常工作时，是不会进行安全制动的。为了确保在事故状态下，安全制动可靠，要求每隔半个月人为地进行安全制动试验（此时提升机不能开车，固定卷筒侧制动器、活卷筒侧制动器分别进行），检查安全制动是否灵活可靠，若有异常现象，应立即排除。安全制动试验结果应记录在值班记录本上。

（14）维护检查中拆装了阀元件，重装后应按照液压站调试要求进行调试和检查，达到要求后，液压站才能运行。

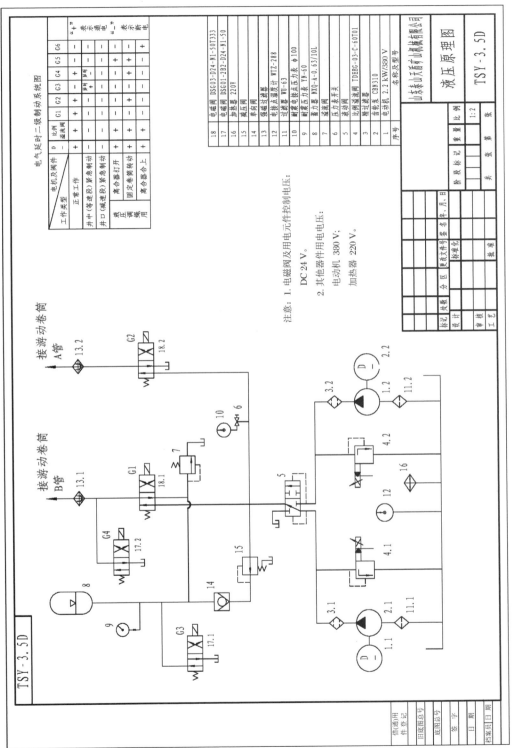

图4.1 液压原理图

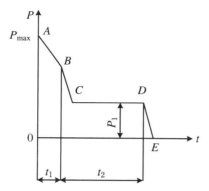

图 4.2　二级制动油压变化情况

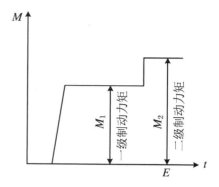

图 4.3　二级制动力矩变化情况

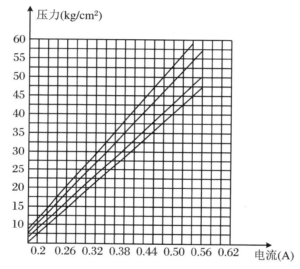

图 4.4　油压-电流特性线

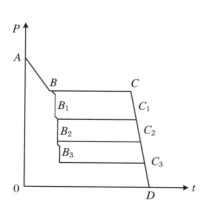

图 4.5　时间相同一级制动油压
不同二级制动特性

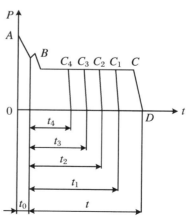

图 4.6　一级制动油压值不变时间
不同的二级制动特性

第五章　电气控制柜的使用与维护

电气控制柜是组成矿山设备动力控制的重要部分,其中有开关柜、控制柜、充电柜等等,不同的柜体有着不同的内部结构和组成元器件,要想管理和维护好控制柜,必须对所用规定的原理进行了解和学习。现以 ZKC 系列(安全节能型)整流柜为例进行介绍和讲解。

一、用途

矿用一般型可控硅充电机(以下简称充电机)适用于有瓦斯或煤尘爆炸危险的场所,作为电机车的蓄电池充电用。

产品执行标准:GB 3836—2000《爆炸性气体环境用电气设备》

　　　　　　　MT1093—2008《煤矿蓄电池电机车用隔爆型充电机》

　　　　　　　Q/DGME 006—2011《矿用一般型可控硅充电机》

防爆型式:矿用隔爆型;防爆标志:KY。

二、型号含义

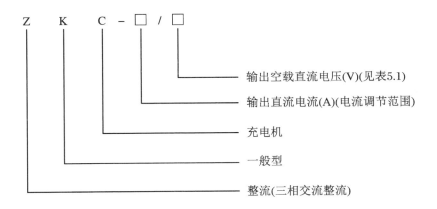

ZKC-□/□

输出空载直流电压(V)(见表5.1)

输出直流电流(A)(电流调节范围)

充电机

一般型

整流(三相交流整流)

三、使用环境条件

（1）海拔高度不超过 2 000 m。

（2）环境温度在 -20℃～40℃范围。

（3）最湿月月平均最大相对湿度不大于 90%（同月月平均最低温度不大于 25 ℃）。

（4）有防雨、防雪、防溅的保护装置。

（5）在空气中无足以腐蚀金属和破坏绝缘的气体和导电尘埃。

（6）无剧烈冲击和振动的地方。

（7）电源电压：三相 50 Hz,380 V 或 660 V 的中性点不接地系统。

（8）与垂直面的倾斜度不超过 5% 的轨面或地面。

四、主要技术性能

（1）ZKC 120 / 270 型充电机按 Q/DGME 006—2011 基本技术条件制造。

（2）充电机交流输入,直流输出,负载参数见表 5.1。

（3）额定交流输入电压为三相 50 Hz,380 V 或 660 V 的供电中性点不接地系统,电压波动不超过 ±10%。

（4）额定输出直流电压和额定输出直流电流见表 5.1。

（5）产品的负载等级：Ⅰ级。

（6）整流线路：三相半控桥式整流。

（7）电流稳定精度：当电网电压在额定电压的 ±10% 范围内波动时,可控整流输出电流为 ±2% 。

（8）冷却方式：空气自冷。

（9）总重：220～340 kg。

表 5.1　主要技术参数

型号	交流输入		直流输出		负载	
	相数	电压（V）	额定电流（A）	额定电压（V）	机车黏重（t）	蓄电池电压（V）
ZKC120/270	3	660/380	120 调节范围: 10～120	72	2.5	48
				132	5	88、90、96
				206	8	110、132、140、144
				270	12	192

五、充电机基本结构

充电机采用柜式结构,具有体积小、重量轻,移动、检修方便等特点,它由以下部分组成:ND-900 控制器安装在顶部的面板上,提高了安全性和稳定性;底下安装有整流变压器、控制变压器、断路器、交流接触器、快速熔断器、晶闸管和硅整流二极管元件等。

六、电路及其工作原理

(一) 工作原理

三相交流电由断路器 QF 经交流接触器 KM 送入主变压器 T1 的一次侧,变压器 T1 的二次侧输出的三相交流电经快速熔断器 FU5、FU6、FU7 后,送到晶闸管 VT1、VT2、VT3 和整流二极管 VD1、VD2、VD3 组成的三相半控整流桥。

触发电路由 ND-900 微机控制器、分流器 FL、电流给定电位器 R_P 组成,分流器上 $0\sim75\,mV$ 的电流信号反馈至控制器,与电流给定电位器的给定电流进行比较,自动调节三相触发脉冲的导通角,达到自动恒流的充电要求。当输出电流为最大额定电流的 1.1 倍时,ND-900 微机控制器发出指令使交流接触器断电,加强了对被充电蓄电池的保护。

(二) 运行方式

充电机正常启动后,ND-900 微机控制器自动控制充电机每隔 1 h 停机 5～10 s 进行蓄电池电压及充电电流采样分析,蓄电池充满后自动停机。

(三) 产品优势

(1) 具有过载、短路、断相、蓄电池反接保护功能。

(2) 具有相序识别功能,无需调整相序。

(3) 具有软启动、软停机功能,减小负载对电网的冲击,有效保护蓄电池和功率元器件。

(4) 具有自动停机功能,单片机自动计算充电电流、电压、时间三者之间的关系,充满后自动停机,防止过充电和欠充,延长蓄电池的寿命。

(5) 具有新电池初充电功能。

(6) 具有输出限压控制,根据电网电压经常偏高的特点,采用单片机控制输出限压,防止过高的充电电压对蓄电池产生损害。

(7) 具有通用功能,高吨位的充电机可以通用于低吨位机车蓄电池充电,无需改接线路,只要对控制器参数进行设置,就可以通用。

(8)具有报警代码显示功能,当发生故障时,充电机将显示报警代码,根据代码可以直观地知道发生报警的原因。

注:ND-900 微机控制器技术参数在产品出厂前已调试好,一般情况下无需用户调试。

七、充电机的安装及使用

使用前请务必详细阅读使用说明书和蓄电池使用维护说明书,并按其要求的充电电流及充电时间进行充电。

(1)充电机运到现场后,应先在井上检查外观是否有异常现象;然后分别打各柜门,检查各紧固件是否有因运输造成的松动、脱落、碰损等异常现象,若有异常现象应及时进行排除。经上述检查后打开上面板,将 ND-900 微机控制器与主电路的连接断开,并短接晶闸管和整流二极管的阳极和阴极,用 2 000 V 摇表测得各部对地绝缘电阻应大于 1 MΩ,然后拆除短路线,重新连接好 ND-900 微机控制器(注意绝缘电阻的测定必须在井上进行)。

(2)参照《电力设备安装规程》进行安装,充电机外壳用不小于 10 mm² 导线可靠接地,接地电阻应符合国家标准要求。

(3)接线及矿用橡胶电缆的选择:打开充电机的上面板,将三相电源线对应接入充电机接空气断路器的三相进线端子上,将蓄电池的正负极连接线接入内对应的直流输出正负极端子上,接线端子对应位置见柜内的接线铭牌。

充电机矿用橡胶电缆的选择如表 5.2 所示。

表 5.2 充电机矿用橡胶电缆的选择

	交流输入电缆		直流输出电缆	
	型号	芯数×截面	型号	芯数×截面
常规充电	Uc - 1000	3×16＋1×4＋2.5	UZW - 500	1×35

注:充电机输出正负端子与蓄电池的正负极不能接错,否则充电机将自动处于电池反接保护状态。

(4)用户交流三相输入电源电压的选择:

本充电机交流输入电压分别为三相三线 660 V、380 V 交流电源供电。

整流变压器 T1 的一次侧在 660 V 电源供电时采用 Y 接法,在 380 V 电源供电时采用 D 接法。

① 采用三相三线 660 V 供电时:

a. 将柜门打开,将上面板上的接线排 209 号螺钉与 660 V 号螺钉用连接片相连(此时 380 V 号螺钉必须空置)。

b. 将主变压器 T1 原边接线端子 X、Y、Z 用连接线短接并拧紧螺栓。

② 采用三相三线 380 V 供电时:

a. 将柜门打开,将上面板上的接线排 209 号螺钉与 380 V 号螺钉用连接片相连(此时

660 V 号螺钉必须空置）。

b. 将主变压器 T1 原边接线端子 A 与 Y、B 与 Z、C 与 X 用连接线相连并拧紧螺栓。

八、充电操作方法

使用前请务必详阅蓄电池使用维护说明书,切实注意安全。充电机按第七条的要求安装、接线及做好充电前的准备工作之后,即可对蓄电池进行充电。充电机具备"自动"和"手动"两种充电方式,转换这两种充电方式时,需打开上面,拨动"自动、手动"选择开关进行充电方式选择。注意拨动"自动、手动"选择开关前必须先断开充电机交流输入电源。

充电机出厂时都是设置在"自动"充电方式,一般用户不需要更改。

1. 自动充电方式操作步骤

（1）将电流调节电位器旋钮 R_P 逆时针转至"零位"位置。

（2）合上外接三相电源开关,给充电机供电。此时电压表应有指示,电压值为蓄电池组的剩余电压,如无指示,应断开三相电源后查明原因,正常后再送电。如电压表指示负值,说明电池极性接错了,这是绝对禁止的,极性接错时充电机将进入蓄电池反接保护状态,不能启动。

（3）按下启动按钮 SB1,交流接触器 KM 吸合,此时电压表显示充电电压,电流表显示充电电流,充电机开始工作,调节电流调节电位器 R_P,使充电电流达到 40～60 A。微机控制充电机每 1 h 自动停机 10 s 进行电压、电流采样分析,再自动重新启动,周而复始,当蓄电池充满后微机控制发出停机指令,充电机自动停机。如遇电网停电,需要重新启动中途需停机时,按停止/复位按钮 SB2 充电机发生过流、短路、断相等故障时将自动停机,故障指示灯亮起并发出警报声,按停止/复位按钮 SB2,报警接触。故障排除后需按停止/复位按钮使系统复位,充电机才能再次启动。

（4）停机:

蓄电池充满电后会自动停机。在停机后、下次启动前,将电流调节电位器 R_P 向逆时针方向转到零位。

需人工停机时,将电流调节电位器旋钮 R_P 慢慢向逆时针转到零位,此时电流表指示为零或接近零,电压表指示为已充好电的蓄电池电压,按停止/复位按钮,充电机停止输出直流电。

2. 手动充电方式操作步骤

手动充电方式操作步骤与步骤 1 自动充电方式操作步骤基本相同,但充满电后需手动停机,手动停机方法与步骤 1 中人工停机方法相同。

3. 新蓄电池初充电操作步骤

新蓄电池初次充电有严格的技术要求,详阅蓄电池使用维护说明书。蓄电池初充电的质量好坏,会影响蓄电池的使用寿命和续航能力。

（1）充电机设置在自动状态下进行初充电时:将充电电流调至蓄电池容量的 5%,初充电完成时充电机将自动停机,也可以在充电 70 h 后人工停机。例:400 Ah 蓄电池,充电电流设置为 20 A。

（2）充电机设置在手动状态下进行初充电时：充电分两个阶段进行，见表 5.3。

表 5.3 手动状态下充电的两个阶段

第一阶段充电时间(h)	第一阶段充电电流(A)	第二阶段充电时间(h)	第二阶段充电电流(A)
30	蓄电池容量的 10%	40	蓄电池容量的 5%

例：400 Ah 蓄电池，第一阶段充电电流为 40 A，充电时间为 30 h；第二阶段充电电流为 20 A，充电时间为 40 h。

九、报警代码

当充电机发生报警时，控制器的电压表显示 HHHH，电流表显示报警代码，代码含义见表 5.4。

表 5.4 代码含义

报警代码	报警原因	报警代码	报警原因
0001	蓄电池反接	0002	三相交流电源缺相
0003	蓄电池反接和三相交流电源缺相同时发生	0004	电流过流
0005	蓄电池反接、三相交流电源缺、电流过流相同时发生		

十、维修重点及注意事项

（1）经常检查各引出电缆是否有损伤，绝缘是否老化，如发现异常应及时更换。

（2）主回路中的快速熔断器、晶闸管、整流二极管如有损坏会产生单相运行，引起设备严重发热，应及时更换。

（3）充电机运行时发生失相、过电流或短路时充电机能自动断电，应仔细查明故障原因，确认处理正确后方可再送电使充电机工作。

第六章　矿井提升机的结构及选用

提升机设备是矿山企业的咽喉设备,它担负着地表和井下产品的提升任务,提升机的种类很多,有单绳缠绕式和多绳摩擦式等不同类别,根据矿井的提点,提升机在选择和使用时应全面考虑其内部结构。现结合公司井下生产实际,以盲竖井的多绳摩擦式提升机为例,从设备选型、结构参数和性能要求上进行讲解和分析。

一、提升系统参数

(1) 摩擦轮直径:3 250 mm。
(2) 导向轮直径:3 250 mm。
(3) 钢丝绳根数:4 根。
(4) 钢丝绳直径:φ32 mm。
(5) 钢丝绳间距:300 mm。
(6) 钢丝绳最大静拉力:520 kN。
(7) 钢丝绳最大静拉力差:160 kN。
(8) 高性能摩擦衬垫,衬垫摩擦系数:≥0.25。
(9) 衬垫比压:≥2.5 MPa。
(10) 提升加、减速度:0.7 m/s^2。
(11) 最大提升速度:8.85 m/s。
(12) 最大提升高度:365 m。
(13) 驱动方式:低速直联直流电机驱动。
(14) 提升方式:双层罐笼配平衡锤,4.2 m×1.8 m 多绳双层罐笼自重≤17 t,最大载重为 15.5 t,平衡锤重量为 26.18 t。

二、首绳、平衡尾绳

(1) 首绳数量:4 根。
(2) 首绳类型:6 V×34+FC 三角股。
(3) 钢丝绳直径:32 mm。
(4) 钢丝绳单重:4.15 kg/m。

（5）钢丝绳公称抗拉强度：1 770 MPa。

（6）平衡尾绳数量：2 根。

（7）平衡尾绳类型：34×7+FC 多层股。

（8）平衡尾绳直径：44 mm。

（9）平衡尾绳单重：8.32 kg/m。

三、技术规格

技术规格如表 6.1 所示。

表 6.1　技术规格

设备名称	提升机	数量	1 套
工作环境	井下−480 中段卷扬硐室		
用电等级	外部电源：三相交流电源；高压：10 kV；低压：380 V AC；中性点不接地系统：50 Hz；电机防护等级：最低 IP54		
用途	用于提升人员、矿石、废石、材料		
工作方式	间断/连续工作，实现自动、半自动、检修等		
对设备特别要求	设备图纸要经设计院确认，待设计院确认后方可制造，供货方要根据设计院的要求进行图纸修改及加工制造，但不涉及费用问题		
配套或辅机设备清单、技术规格（型号）参数及技术要求			
设备供货范围	提供完整的摩擦轮、天轮、主电机等整套卷扬设备		
其他	（1）提升机绳槽车削配备专用"数控绳槽车削装置"。（2）机械部分不带操作台，操作台随电控部分带来。（3）提升机械设备不带牌坊式深度指示器，其深度指示完全由电控系统完成其功能。（4）提升机主轴轴承和电机轴承每个轴承座应预埋 2 个 PT100 测温元件（1 用 1 备），每个轴承有温度监测装置，一旦轴承温度超出正常工作温度允许值时发出信号，当超过最大允许值时可在完成正在进行的提升循环后闭锁下一次提升的进行。操作台应有轴承温度显示信号。电机绕组处预埋 6 个 PT100 测温元件		
辅助配套技术要求			
设备要求	技术性能说明，维护和操作手册；成套设备附件及其规格一览表；设备总装图（平面、立面）；设备重量；设备基础图（含动、静载荷）；地脚螺栓、预埋件的布置；设备功率、最大检修件重量等技术参数		

四、提升机技术要求

(一) 一般要求

提升机为落地式多绳摩擦轮提升机,采用低速直联直流电机驱动,制动器型式为液压盘形制动器。提升机的结构型式采用电动机悬臂直联。中标方可根据提升机的结构型式提供适合本矿井的设备布置方案,以便用户更好地选择提升机。

提升机的设计和计算应能承受启动、运行、减速、制动时出现的工作应力,启动、减速和制动时产生的动应力应按实际的提升系统计算。

主轴装置、天轮装置应有足够的强度和刚度,能承受各种工作载荷及事故载荷。

提升机由主轴装置、恒减速液压制动系统、电机、天轮装置、管道通风冷却系统以及附属装置组成。

(二) 主轴装置

1. 摩擦轮

(1) 摩擦轮设计为剖分式结构。

(2) 摩擦轮采用高强度、性能优良的 Q345 钢板焊接,整个筒壳应有足够的强度和刚度,应能够承受各种工作载荷及事故载荷。

滚筒焊接后须整体退火,充分消除焊接应力,确保滚筒、制动盘在使用过程中不发生变形;对焊缝须作无损探伤,以确保焊缝质量。

(3) 摩擦衬垫应与钢丝绳防腐剂相适应,在矿井使用条件下(受水、油及污垢的影响),应保证摩擦系数 $\mu \geqslant 0.25$,比压应 $\geqslant 2.5$ MPa。

(4) 摩擦衬垫采用双绳槽结构,采用进口国内压制材料高性能摩擦衬垫,并提供合格证明书。

(5) 固定块和压块采用非金属材料酚醛压制而成,安装简单可靠,装配互换性能好,其强度和尺寸不受浸水影响。

(6) 制动盘为双闸盘布置方式,制动盘与摩擦轮之间的连接采用可拆卸的螺栓连接。

制动盘布置应保证制动面不被污染。制动盘的制动面加工后其表面粗糙度应符合要求,与摩擦轮一起装在主轴上后,其端面偏摆量不超过 0.5 mm。制动盘的制动面设计和加工必须保证在设计最大负载范围内超过最大运行速度 15% 下放运行,短时间内最少连续两次安全制动而不导致制动闸衬的损坏或不会对下一次制动效果产生不良影响。制动盘应允许制动发热而引起的径向或轴向热膨胀。

(7) 其他要求应按照现行国家、行业和国际有关标准的要求执行。

2. 主轴

(1) 提升机主轴应具有足够的强度和刚度,能承受各种工作载荷和事故载荷。启动、加减速运行、等速运行和紧急制动时产生的动应力应按实际运行工况计算；并应考虑电磁效应对驱动轴的影响，其最危险断面的安全系数和最大挠度须符合规定。

主轴必须经无损探伤证明内部无缺陷并出具检测证明。主轴及其附件在紧急制动时和之后均不得有任何残余变形。

（2）主轴锻件采用优质结构钢 45MnMo 或 45CrMoA 更优材质，并消除锻制应力。必须进行无损探伤，严格控制内部缺陷符合相关标准要求。

（3）主轴采用整体合金钢锻制并消除锻制应力。主轴上直接锻出双法兰，通过高强度螺栓与摩擦轮进行连接。

（4）主轴各变径处设计有适当的圆角过渡，避免应力集中。

（5）主轴与驱动电动机转子连接方式，必须确保实现精确的同心度。

（6）主轴两端根据电控要求预留编码器接口。

3．轴承

（1）主轴承采用滚动轴承，采用 SKF 或 FAG 品牌。设计寿命大于 30 万 h。轴承的润滑方式为脂润滑，应有良好的油封性，并且根据轴承的要求，在轴承座上增加加油孔。交货时必须提供轴承合格证和原产地证明。

（2）主轴的每个轴承应有温度监测装置。每个轴承座上应装备 2 个测温铂热电阻 PT100，并接至电控系统。当轴承温度超过工作允许值时，应发出报警信号；当超过最大允许值时，可在完成正在进行的提升循环后闭锁下次提升的进行。

（三）盘式制动系统

提升机制动系统的盘式制动器选用中信重工、西马格或 ABB 产品，作为重要的安全保障系统。系统由盘式制动器、恒减速液压站及控制部分组成，由液压和电气控制进行制动。

采用双闸盘液压盘式制动器，盘式制动器应对称布置，根据需要可以实现工作制动和安全制动，其最大制动力矩不得小于实际提升最大静力矩的 3 倍。高性能制动器装置采用进口碟簧、进口密封和进口卡套接头。制动器技术指标：盘式制动器空行程时间小于 0.2 s；从安全制动信号发出到建立恒定减速度的时间小于 0.6 s；盘式制动器始动油压小于 0.2 MPa；制动器滞环性能（油压上升和下降时，油缸位移的差值）小于 1 mm。为保证系统具有生产柔性，盘式制动器上备用两组制动闸。

制动器的制动闸衬的材料应具有高抗压强度、韧性、耐热性和耐磨性，采用环保型无石棉闸瓦，闸瓦与制动盘摩擦系数≥0.4（100～200 ℃），且应具有优良的力学强度，热衰退小，不得损伤制动盘，具有较长的使用寿命。空动时间不大于 0.3 s，制动力分布应均匀，动力传输效率高，接近 100%，制动平稳，磨损小，产生制动力的弹簧及其部件使用寿命应不低于 2×10^6 循环次数。制动器不得渗油或渗染制动面。

盘式制动器应装有各种必要的保护，如闸瓦衬磨损过量保护、开闸间隙显示、制动弹簧疲劳断裂保护、闸盘偏摆保护等。

制动系统安全制动时，全部机械的减速度应满足要求。工作制动和安全制动时提升系统的减速度均不得超过钢丝绳的滑动极限。

安全制动器必须在下列情况下动作：

① 驱动电动机事故断电。

② 工作制动所必需的制动力太低和制动力不到位。

③ 提升箕斗过卷。

④ 提升机过速。

⑤ 深度指示器失效,监视装置动作。

⑥ 驱动控制器监视装置动作。

⑦ 尾绳环监测装置动作。

⑧ 在井口、装卸载水平、提升机房内、操作台及远程控制室需安装紧急停车开关。

⑨ 其他电气方面需要安全制动的情况见提升机的电气部分。

⑩ 其他需要安全制动器动作的情况,应由供货商在上述情况以外补充必要的功能,满足行业规范要求。

液压站为盘式制动器提供可以调节的压力油,使提升机获得不同的制动力矩,实现提升机正常运转、调速、停车及安全制动。

液压站为相互独立的两套液压站,一套故障时可切换另一套,每套须满足各种荷载条件下的制动要求,并有足够的安全性,一套工作、一套备用,含液压系统控制柜,控制 PLC 选用西门子(S7-1500PLC)或 ABB(AC800M)。

制动系统的液压站应能满足各种荷载条件下的制动要求,并有相当高的安全可靠性;液压站各元件严禁漏油,油管路连接处密封好;低噪音,易于注油和调节,运行平稳可靠。

制动系统的液压站除满足前述的有关要求外,还应满足以下要求:

① 制动系统液压站为两套完全独立的液压站,一用一备。

② 安全制动和工作制动为相互独立回路,并各自有备用回路。

③ 工作制动采用国际先进、国内领先的数字电液比例技术控制,控制精确、灵敏,线性度好,在调节范围内可根据电控指令实现无级调节。

④ 工作制动既可自动控制也可手动控制。

⑤ 工作制动采用调压装置时,调压特性应满足:残压值满足规定要求,油压-电流特性线性度好,油压波动小及油压滞后电流的时间短,以保证制动的灵敏度。

⑥ 液压释放回路数不得少于两条。

⑦ 安全制动之初,能消除冲击减速度。

⑧ 有制动压力监视保护,以监视施闸、松闸及停车制动油压情况,所有制动器均有线性传感器以监视闸瓦间隙的模拟量值、闸瓦磨损以及弹簧失效。当达到限定时,会显示出相应的信号。

⑨ 后备一级制动回路也应按冗余回路设置,确保极端情况下制动的可靠性。

⑩ 参与安全制动的电磁换向阀采用意大利 atos、德国力士乐或美国帕克,带阀芯位置监测的安全型电磁换向阀,监测到阀芯位置故障,能报警和闭锁下次开车;安全制动回路双线制,硬件线路互锁互备,每个电磁阀都设独立继电器,且相互之间互不干扰。

⑪ 有完善的联锁以确保协调、正确、安全可靠。当制动系统故障时应能分情况发出警报信号或同时断电停车,以至在紧急情况下实行安全制动。

⑫ 有油温、油量、油压的监视保护和其他必要仪表。

⑬ 制动方式:当恒减速失效时,可自动切入恒力矩通道,并对所有工况进行滑绳校验,提出优化方案。

油泵装置采用进口恒压变量泵,以在提升机工作时开闸状态有效,减少液压系统发热。

电液比例调压装置采用进口优质比例液压阀,必须具有良好的滞环特性、线性度和重复精度;其余液压阀组也必须采用进口优质液压元件。

液压站设液压油自动加热、冷却装置,在必要时对液压油加热升温或冷却,保证工作液压油在合适的黏度范围内。

制动系统应配套滤油车、弯管器等必要随机工具,应配套提供足够的易损件,满足现场施工和调试的需要。

(四) 天轮装置

技术要求如下:

(1) 导向轮装置采用剖分式结构。

(2) 轮轴的强度设计应满足各种工况的要求,中碳合金钢整体锻制结构,并消除锻制应力。变径处有适当半径的过渡圆弧。轴全部机加工。轴材料的化学性能要有分析检验报告。轴应经无损探伤(应提供相应检测报告)以保证内部无缺陷,轮轴及其上全部元件在紧急制动时不应有任何残余变形。其危险断面的安全系数和最大挠度应符合有关规定,使用寿命达到 30 年以上。

(3) 天轮装置制造应精细,保证其工作可靠,有精确的配合和同心度,不允许有虚焊现象,绳槽的径向、轴向跳动不得大于 2 mm。

(4) 天轮轴瓦采用铜合金材质,轴瓦为剖分结构,满足剖分天轮安装要求,便于装拆,并有良好的润滑油路。

(5) 天轮装置在出厂前应进行静平衡试验。

(6) 天轮衬垫:天轮的衬垫应由耐磨、耐压性能好的新型材料制成,并有较好的对油脂的兼容性和加工性,其安装、拆卸应方便,安装好后应牢固可靠。

(7) 天轮轴上的两个轴承设计寿命大于 30 万 h,采用 SKF 或 FAG 产品。轴承的润滑方式为脂润滑,轴承应有良好的油封性,并且根据轴承的要求,在轴承座上增加加油孔。应考虑安装、检修的方便和适应不同荷载下的运行要求。交货时必须提供轴承合格证和原产地证明。

(8) 每个轴承应有温度监测装置。应装备 2 个测温铂热电阻 PT100,并接至电控系统。当轴承温度超过工作允许值时发出报警信号。

(9) 提供轴承座安装用底板、地脚螺栓及配套连接件(含螺母、垫圈等)。

(10) 天轮上的衬垫应由耐磨、耐压性好的材料制成。

(五) 数控车槽装置

用于摩擦轮上摩擦衬垫绳槽的车削。配备数控车槽装置,采用数控铣削模式,铣刀进行高速旋转,进行主动切削,不受卷筒运行方向的限制,激光定位,自动进刀,精确车削任一绳槽,并方便、准确地测定绳槽深度和形状,全数字参数设置。不需拆卸摩擦轮上的钢丝绳即可车削绳槽,构造小巧,制造精良,操作方便。

（六）电动机

电动机相关参数如表 6.2 所示。

表 6.2　电动机相关参数

设备名称	电动机	数量	1 套
工作环境	井下 -480 中段卷扬硐室		
用电等级	外部电源：三相交流电源；高压：10 kV；低压：380 V AC；中性点不接地系统		
用途	卷扬机配套电机		
工作方式	与卷扬机配套电机，实现自动、半自动、检修等工作方式。间断/连续工作		
技术性能参数	（1）直流电动机型号：待定。 （2）电动机供电电源：12 脉动晶闸管变流器。 （3）电动机额定功率：1 000 kW。 （4）电枢电压：800 V。 （5）频繁正反转，过载倍数≥2 倍。 （6）励磁电压：V。 （7）励磁电流：需待电机厂家确定。 （8）四象限运行。 （9）管道通风。 （10）额定转速：52 r/min。 （11）电动机内埋设不少于 6 个 PT100 测温元件。 （12）绝缘等级绝缘等级 F，主体结构防护等级 IP54，电机冷却方式管道通风冷却		
对设备特别要求	（1）电机定子对半剖分。设备图纸要经设计院确认，待设计院确认后方可制造，供货方要根据设计院的要求进行图纸修改及加工制造，但不涉及费用问题。 （2）设备规格需厂家计算核实，表中数据仅供参考		

第二篇 测评与考核

第七章 提升机械维修人员液压站实操考核——液压站故障分析与处理

液压站故障分析与处理实操,占实操考试总分数的 40%,其中,液压站设备故障分析及填写记录,占实操考试总分数的 20%,故障处理占实操考试总分数的 20%;考试地点:东大井粉矿卷扬硐室;考试人员:公司机械维修人员;考试时间:60 min;考试前,现场设提升机操作工一名。

一、液压站故障分析与处理

(一) 故障设置

液压站故障共设置三项,故障表现为盘式制动器无法开启,系统压力不足。
(1) 电接点压力表上限压力调低(正常上限为 6.3 MPa,调整至 2 MPa)。
(2) 管路闸阀关闭。
(3) 比例阀、溢流阀弹簧预紧力调低。

(二) 考试流程

(1) 使用地锁装置将卷筒固定。
(2) 进行故障分析,并将分析出的原因逐条填写至记录表中。
(3) 考核小组人员查看记录,标出正确项目并将未找出的故障复位。
(4) 处理已找出的正确故障。
(5) 将地锁拆除,故障复位。

(三) 评分标准

(1) 故障分析准确,表述清晰,1~20 分(故障 1 和故障 2 每项 6 分,故障 3 是 8 分)。
(2) 故障处理到位,工序安全准确,液压站建立系统压力,盘式制动器开闭灵活,1~15 分。
(3) 规定时间内完成故障处理,得 5 分;每提前 10 min 加 1 分,上限是 1 分;未完成故障处理,此项不得分。

（4）作业过程中细节到位，作业完成后现场工业卫生干净、工具整洁，视情况加分，上限1分。

（四）需用材料及工具

（1）勾头扳手一把（用于调整闸盘间隙）。
（2）塞尺一把（用于测量闸瓦间隙）。
（3）小号一字螺丝刀一把（用于按压放气阀、推动电磁阀芯及拆装电磁阀插头）。
（4）记录样表 10 份，中性笔 5 支（注：可代写）。
（5）液压系统图 10 份。
（6）内六角扳手一套。
（7）EBG-03-C 比例阀一台。
（8）内外卡簧钳一套、钳子、尖嘴钳、活扳手等备用一套。

二、其他事项

（1）考试顺序按照设备部点名的名单进行。
（2）待考人员在 12 中泵房等待，等候工作人员安排。
（3）完成考试人员到井口处等待，通知设备部人员后，有罐可升井。
（4）井下穿戴装备各人自备。
（5）在考试及等待期间所有人员需注意安全，禁止随意走动。

附件

附件 1　提升机械维修人员实操考试签到表

考试时间			考试地点	
序号	姓名	单位	考试顺序	签到
1				
2				
3				

附件 2 JTP-1.2×1.0 液压站维修记录

检修时间： 检修地点：

存在问题及故障表现：
故障原因分析：
维修经过及维修后效果：

检修人员： 确认人员：

第八章　提升机械维修人员提升机实操考试考核——提升机故障分析与处理

提升机故障分析与处理实操,占实操考试总分数的 30%;考试地点:井下－300 斜井卷扬硐室;考试人员:公司机械维修人员;考试时间:60 min;现场设提升机操作工一名。

一、提升机故障分析处理

(一)故障设置

故障共设置两项,故障表现为电动机与减速机间的工作制动器不工作,闸瓦间隙大。
(1)工作制动器连接螺栓松动,使闸瓦不动作。
(2)闸瓦间隙调整,使闸瓦不工作。

(二)考试流程

(1)使用地锁装置将卷筒固定。
(2)进行故障分析,并处理。
(3)将地锁拆除,故障复位。

(三)评分标准

(1)使用地锁装置将卷筒固定,5 分。
(2)故障分析准确,工作制动器维修调整工序安全准确,10 分。
(3)故障处理到位,工作制动器开闭灵活,闸瓦间隙调整至 2 mm,1～10 分。
(4)规定时间内完成故障处理,得 5 分;每提前 10 min 加 1 分;上限是 1 分,未完成故障处理,此项不得分。
(5)作业过程中细节到位,作业完成后现场工业卫生干净、工具整洁,视情况加分,上限 1 分。

（四）需用材料及工具

（1）勾头扳手一把（用于调整闸间隙）。

（2）M41 套筒及柄等一套（用于拆装制动器连接螺栓）。

（3）一字螺丝刀一把（用于拆卸后盖）。

（4）扁铲一把（用于拆卸后盖）。

（5）手锤一把（用于安装后盖）。

（6）塞尺一把（用于测量闸瓦间隙）。

（7）小号十字或一字螺丝刀一把（用于按压放气阀）。

（8）内外卡簧钳一套、钳子、尖嘴钳、活扳手等备用一套，30～46 套筒准备一套。

二、其他事项

（1）考试顺序按照设备部点名的名单进行。

（2）待考人员在 12 中泵房等待，等候工作人员安排。

（3）完成考试人员到井口处等待，通知设备部人员后，有罐可升井。

（4）井下穿戴装备各人自备。

（5）在考试及等待期间所有人员需注意安全，禁止随意走动。

附件

附件 1　提升机械维修人员提升机实操考试签到表

考试时间			考试地点	
序号	姓名	单位	考试顺序	签到
1				
2				
3				

附件2 提升机械维修人员实操考试得分表(提升机故障分析与处理)

被考评单位：

序号	考核项目 得分 被考核人	工序正确,5分;故障分析准确,制动器维修调整工序安全准确,10分	故障处理到位,制动器开闭灵活,盘形制动器闸瓦间隙调整至2 mm,1~10分	规定时间内完成故障处理,得5分,每提前10 min加1分,上限1分,未完成故障处理,此项不得分	作业过程中细节到位,作业完成后现场工业卫生干净、工具整洁,视情况加分,上限1分	总分	备注
1							
2							
3							
4							
5							
6							

评分人员签字：

第九章 提升机械维修人员实操考核
——采掘设备故障分析与处理

井下采掘设备实操占实操考试总分数的 30%；考试地点：井下－530 中段采场；考试人员：公司机械维修人员；考试时间：90 min；考试前设备部和矿区领导负责人沟通，确定具体考试中段和设备地点。

一、采掘设备故障分析与处理

（一）故障设置

故障设置为 Z-20/30 铲斗回转运行无力（现场配操作工一名）：将损坏的大臂油缸安装在考试使用设备上。

（二）考试流程

（1）分析故障。
（2）处理故障，更换油封。
（3）处理完成后试车。
（4）将故障恢复。

（三）评分标准

（1）故障分析准确，思路清晰，1～15 分。
（2）故障处理工序安全到位，大臂正常工作，1～10 分。
（3）规定时间内完成故障处理，得 5 分，每提前 10 min 加 1 分，上限是 1 分，未完成故障处理，此项不得分。
（4）作业过程中细节到位，作业完成后现场工业卫生干净、工具整洁，视情况加分，上限1 分。

（四）需用材料及工具

（1）损坏大臂油缸一只。
（2）大臂油缸密封五套。
（3）手锤、扳手、扁铲、钳子及螺丝刀等常用工具一套。
（4）扒渣机一台。

二、其他事项

（1）考试顺序按照设备部点名的名单进行。
（2）待考人员在设备部安排地点等待，等候工作人员安排。
（3）完成考试人员到井口处等待，有罐可升井。
（4）井下穿戴装备个人自备。
（5）在考试及等待期间所有人员需注意安全，禁止随意走动。

附件

附件 1　提升采掘设备机械维修人员实操考试签到表

考试时间			考试地点	
序号	姓名	单位	考试顺序	签到
1				
2				
3				
4				
5				
6				

附件 2　Z-20/30 采掘设备维修记录

检修时间：　　　　　　　　　　检修地点：

存在问题及故障表现：

故障原因分析：

维修经过及维修后效果：

检修人员：　　　　　　　　　　确认人员：

附件 3　提升机械维修人员实操考试得分表(采掘设备故障分析与处理)

被考评单位：

序号 \ 考核项目 \ 得分 \ 被考核人	故障分析准确,思路清晰,1~15分	故障处理工序安全到位,大臂正常工作,1~10分	规定时间内完成故障处理,得5分,每提前10 min加1分,上限1分,未完成故障处理,此项不得分	作业过程中细节到位,作业完成后现场工业卫生干净、工具整洁,视情况加分,上限1分	总分	备注
1						
2						
3						
4						
5						
6						

评分人员签字：

第十章　选厂机械维修人员实操考核
——HP300 液压站故障与分析

选厂 HP300 液压站故障分析与处理实操,占实操考试总分数的 50%;考试地点:选厂碎矿车间;考试人员:选厂机械维修人员;考试时间:40 min;考试过程中选厂配置一名碎矿操作工。考试前一天选厂料仓打满,满足考试当天 9:00～16:30 期间考试停机时间。

一、液压站故障分析与处理

(一) 故障设置

HP300 圆锥破碎机锁紧缸压力不足,频繁补油。

(二) 考试流程

(1) 张挂安全警示。
(2) 进行故障分析,并将分析出的原因逐条填写至记录表中。
(3) 考核小组人员查看记录,标出正确项目。
(4) 处理已找出的正确故障。
(5) 故障复位。

(三) 评分标准

(1) 故障分析准确,表述清晰,1～30 分(每项故障 15 分)。
(2) 指出故障元器件位置,并口述更换及调节方法,1～15 分。
(3) 规定时间内完成故障处理,得 5 分,每提前 10 min 加 1 分,上限是 1 分,未完成故障处理,此项不得分。

(四) 需用材料及工具

(1) 小扳手一把(用于拆装溢流阀)。
(2) 记录样表 11 份,中性笔 5 支。

（3）液压系统图 11 份。

（4）内六角扳手螺丝刀、钳子、尖嘴钳、活扳手等常用工具备用一套。

二、其他事项

（1）考试顺序按照设备部点名的名单进行。

（2）考试前将液压站油污擦净，清理周边卫生。

（3）待考人员在碎矿配电室等待，等候工作人员安排。

（4）完成考试人员离开破碎车间，不得在车间附近逗留。

（5）在考试及等待期间所有人员需注意安全，禁止随意走动。

（6）工作服、安全帽、手套等劳保自备。

附件

附件 1　选矿厂机械维修人员实操考试签到表

考试时间			考试地点	
序号	姓名	单位	考试顺序	签到
1				
2				
3				
4				
5				
6				
7				
8				

附件 2　HP300 圆锥破碎机维修记录

检修时间：　　　　　　　　　检修地点：

存在问题及故障表现：

故障原因分析：

维修经过及方法：

检修人员：　　　　　　　　　确认人员：

附件 3　选矿厂机械维修人员液压站故障分析与处理实操考试得分表

被考评单位：

序号 考核项目 得分 被考核人	故障分析准确，表述清晰，1～30分（每项故障15分）	指出故障元器件位置，并口述更换及调节方法，1～15分	规定时间内完成故障处理，得5分，每提前10 min加1分，上限是1分，未完成故障处理，此项不得分	总分	备注
1					
2					
3					
4					
5					
6					
7					
8					

评分人员签字：

第十一章　选矿厂机械维修人员实操考核——制作与切割技术

制作与切割技术实操，占实操考试总分数的50%，其中看图制作是30分，切割是20分；考试地点：选厂维修车间；考试人员：选厂机械维修人员；考试总时间：60 min；同时考试人员2名。

一、按照图纸制作漏斗（仅考画线部分，不用实操下料）

（一）图纸

图纸如图5.1所示。

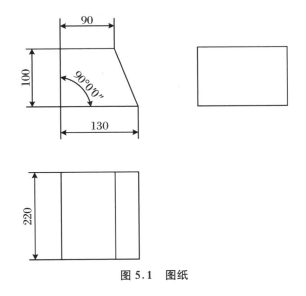

图5.1　图纸

（二）评分标准

（1）按节省用料的原则下料，不允许利用原铁板的两边直接画线，每个平面的下料要求与另一个面有公用的相邻边。分值是1~4分，其中有一个面没有共用边扣1分；利用铁板两边直接画线扣1分。

（2）必须选择下料基准,分值是 1 分。

（3）漏斗全部下完料,分值是 1～20 分。其中,每一个符合尺寸要求的面给 5 分;每一个尺寸超差 1 mm 扣 1 分;每个面的直角划的不正确扣 2 分。

（4）第二基准线考核部分,分值是 1～5 分。其中,每个面的下料基准不正确扣 1 分。

（三）需用材料及工具

（1）样冲 1 把。

（2）1 m 板尺 1 把。

（3）200 mm 画规 1 把。

（4）普通手锤 1 把。

（5）石笔 5 只。

二、气割圆孔(标准 1 寸管)

（一）考试内容

按照现场给定的标准 1 寸管尺寸切割圆孔。

（二）考试要求

参赛人员不用画规,也不许在铁板上先画出圆,直接用气割枪在铁板上割圆孔。

（三）评分标准

（1）标准 1 寸管监测孔的圆度,分值是 1～20 分。孔的最远点与标准 1 寸管外径每超 1 mm 扣 5 分。

（2）标准 1 寸管无法放到圆孔内,不得分。

（四）需用材料及工具

（1）切割器具 2 套,选厂准备。

（2）铁板 2 块,选厂准备。

（3）标准 200 mm 长的 1 寸管 2 根,选厂准备。

三、其他事项

(1) 考试顺序按照设备部点名的名单进行。
(2) 考试前清理场地周边卫生。
(3) 待考人员在机修车间二楼等待,等候工作人员安排。
(4) 完成考试人员离开维修车间,不得在附近逗留。
(5) 在考试及等待期间所有人员需注意安全,禁止随意走动。
(6) 工作服、安全帽、手套等劳保自备。

附件

附件 1 选矿车间机械维修人员实操考试签到表

考试时间			考试地点	
序号	姓名	单位	考试顺序	签到
1				
2				
3				
4				
5				
6				
7				
8				
9				
10				

附件 2　选矿车间机械维修人员制作漏斗实操考试得分表

被考评单位：

序号	得分　考核项目　　被考核人	按节省用料的原则下料，不允许利用原铁板的两边直接画线，每个平面的下料要求与另一个面有公用的相邻边。分值是 1～4 分，其中，有一个面没有共用边扣 1 分；利用铁板两边直接画线扣 1 分	必须选择下料基准，分值是 1 分	漏斗全部下完料，分值是 1～20 分。其中每一个符合尺寸要求的面给 5 分；每一个尺寸超差 1 min 扣 1 分；每个面的直角划的不正确扣 2 分	第二基准线考核部分，分值是 1～5 分。其中每个面的下料基准不正确扣 1 分	总分	备注
1							
2							
3							
4							
5							
6							
7							
8							

评分人员签字：

附件 3　选矿车间机械维修人员气割圆孔实操考试得分表

被考评单位：

序号 考核项目 得分 被考核人	标准 1 寸管监测孔的圆度，分值是 1～20 分。孔的最远点与标准 1 寸管外径每超 1 mm 扣 5 分	标准 1 寸管无法放到圆孔内，不得分	总分	备注
1				
2				
3				
4				
5				
6				
7				
8				

评分人员签字：

第十二章　电气维修人员实操考核
——高压水泵故障处理

高压水泵实操占实操考试总分数的 15%；考试地点：土堆混合井—300 m 水泵房高压室；考试人员：公司电气维修人员；考试时间：60 min；故障设置在高压磁启动柜内，不影响正常排水，同时进行 2 名人员考试。

一、高压柜故障处理

（一）故障描述

故障描述是水泵启动超时，且励磁电流表无电流，电流表、分流器和控制器均正常，故障在控制室内，根据图纸试排除故障。注：可以模拟水泵运行，但是水泵高压电源柜必须在试验位置。

故障设置：正常启动水泵时，高压磁启柜报警。

（二）评分标准

（1）规定时间内完成故障设置，得 15 分。

（2）每提前 10 min 加 1 分，加分上限是 2 分。

（三）需用材料及工具

（1）万用表、电工工具、小型螺丝刀 2 把，工具自备。

（2）劳保用品，设备部准备 2 套。

（3）图纸一份，设备部准备，禁止故意在图纸上抹黑、标记号。

二、其他事项

（1）考试顺序按照设备部点名的名单进行。

（2）待考人员在粉矿卷扬等待，等候工作人员安排。

（3）完成考试人员在马头门区域等罐，禁止接近未考试人员，有罐时，通知设备部后，方可升井。

（4）在考试及等待期间所有人员需注意安全，禁止随意走动。

附件

附件1　电气维修人员 10 kV 高压水泵实操考核签到表

考试时间			考试地点	
序号	姓名	单位	考试顺序	签到
1				
2				
3				
4				
5				
6				
7				
8				

附件2 电气维修人员 10 kV 高压柜实操考核得分表

被考评单位：

序号	考核项目／得分／被考核人	在规定时间内完成故障设置项目，得 15 分	每提前 10 min 加 1 分，加分上限是 2 分	总分	备注
1					
2					
3					
4					
5					
6					
7					

评分人员签字：

第十三章　选矿车间电气维修人员实操考核——CH430 破碎机实操

选厂 CH430 破碎机实操,占实操考试总分数的 20%;考试地点:选厂碎矿车间;考试人员:选厂电修人员;考试时间:60 min;考试过程中选厂配置一名碎矿操作工。考试前一天选厂料仓打满,满足考试当天 9:00—16:00 期间考试停机时间。

一、CH430 故障处理

(一) 故障设置项目

(1) 故障一是无法调整排料口压力,电气故障。
(2) 故障二是破碎机无法启动,电气故障。

(二) 评分标准

(1) 规定时间内完成项目 1,得 10 分。
(2) 规定时间内完成项目 2,得 10 分。
(3) 每提前 10 min 加 1 分,加分上限是 2 分,未按照规定穿戴劳保用品扣 1～2 分。

(三) 需用材料及工具

(1) 万用表、电工工具、小型螺丝刀 2 把,工具自备。
(2) 劳保用品,自备。
(3) 图纸一份,设备部准备,禁止故意在图纸上抹黑、标记号。

二、其他事项

(1) 考试顺序按照设备部点名的名单进行。

(2) 待考人员在碎矿配电室等待,等候工作人员安排。

(3) 完成考试人员离开破碎车间区域,禁止接近未考试人员。

(4) 在考试及等待期间所有人员需注意安全,禁止随意走动。

附件

附件 1　选矿车间电气维修人员实操考试签到表

考试时间			考试地点	
序号	姓名	单位	考试顺序	签到
1				
2				
3				
4				
5				
6				
7				
8				

附件2 选矿车间电气维修人员CH430故障处理实操考试得分表

被考评单位：

序号	考核项目　得分　被考核人	规定时间内完成项目1,得10分	规定时间内完成项目2,得10分	每提前10 min加1分,加分上限是2分,未按照规定穿戴劳保用品扣1~2分	总分	备注
1						
2						
3						
4						
5						
6						

评分人员签字：

第十四章　电气维修人员实操考核
——提升机故障处理

提升机实操,占实操考试总分数的 15%;考试地点:各矿区;考试人员:公司电气维修人员;考试时间:30 min;各矿区根据设备部下发的考试通知,调整生产,使考试按照时间节点有序推进。

一、提升机故障处理

(一)故障描述

罐笼停在井口,准备去向 3 中段,信号工乘坐下层罐笼,已选目标中段下层停车,但是信号箱不显示选择下层停车状态,根据程序及原理图判断故障原因,并排除。

故障设置:排除故障且信号箱显示正常。

(二)评分标准

(1)规定时间内完成故障设置,得 15 分。

(2)每提前 10 min 加 1 分,加分上限是 2 分。

(三)需用材料及工具

(1)万用表、电工工具、小型螺丝刀 2 把,工具自备。

(2)劳保用品,设备部准备 2 套。

(3)图纸一份,设备部准备,禁止故意在图纸上抹黑、标记号。

二、其他事项

（1）考试顺序按照设备部点名的名单进行。

（2）待考人员在派班室等待，等候工作人员安排。

（3）完成考试人员离开卷扬区域，禁止接近未考试人员。

（4）在考试及等待期间所有人员需注意安全，禁止随意走动。

附件

附件 1　电气维修人员主提升机实操考核签到表

考试时间			考试地点	
序号	姓名	单位	考试顺序	签到
1				
2				
3				
4				
5				
6				
7				
8				

附件 2 电气维修人员主提升机实操考试得分表

被考评单位：

序号 考核项目 得分 被考核人	规定时间内完成故障设置项目,得15分	每提前 10 min 加 1 分,加分上限是 2 分	总分	备注
1				
2				
3				
4				
5				
6				
7				

评分人员签字：

第十五章　选厂电气维修人员实操考核
——HP300 破碎机实操

选厂 HP300 破碎机实操,占实操考试总分数的 25%;考试地点:选厂碎矿车间;考试人员:选厂电修人员;考试时间:60 min;考试过程中选厂配置一名碎矿操作工。考试前一天选厂料仓打满,满足考试当天早 9:00～16:00 期间考试停机时间。

一、HP300 破碎机故障处理

(一) 故障设置项目

(1) 故障一是破碎机运行中跳闸,主机无法启动。
(2) 故障二是破碎机运行正常,给料机无法给料。

(二) 评分标准

(1) 规定时间内完成项目 1,得 10 分。
(2) 规定时间内完成项目 2,得 15 分。
(3) 每提前 10 min 加 1 分,加分上限是 2 分,未按照规定穿戴劳保用品扣 1～2 分。

(三) 需用材料及工具

(1) 万用表、电工工具、小型螺丝刀 2 把,工具自备。
(2) 劳保用品,自备。
(3) 图纸一份,设备部准备,禁止故意在图纸上抹黑、标记号。

二、其他事项

（1）考试顺序按照设备部点名的名单进行。

（2）待考人员在碎矿配电室等待，等候工作人员安排。

（3）完成考试人员离开破碎车间区域，禁止接近未考试人员。

（4）在考试及等待期间所有人员需注意安全，禁止随意走动。

附件

附件 1   选厂电气维修人员实操考试签到表

考试时间			考试地点	
序号	姓名	单位	考试顺序	签到
1				
2				
3				
4				
5				
6				
7				
8				

附件 2 电气维修人员主提升机实操考试得分表

被考评单位：

序号	考核项目 得分 被考核人	规定时间内完成故障一处理，得 10 分	规定时间内完成故障二处理，得 15 分	每提前 10 min 加 1 分，加分上限是 2 分，未按照规定穿戴劳保用品扣 1～2 分	总分	备注
1						
2						
3						
4						
5						
6						

评分人员签字：

第十六章　电气维修人员实操考核 ——10 kV 高压柜操作 与故障处理

高压柜实操,占实操考试总分数 20%;考试地点:土堆混合井地表 10 kV 高压室;考试人员:提升车间电气维修人员;考试时间:60 min。故障设置在备用高压柜上,不影响正常生产,同时进行 2 名人员考试。

一、高压柜操作与故障处理

(一) 操作与故障设置项目

(1) 10 kV 高压配电室停电检修,高压柜停送电操作流程。

(2) 10 kV 高压柜在合闸状态,无法分闸,3 min 之内完成手动分闸。

(3) 查找 10 kV 高压柜无法分闸原因,并处理故障。

(二) 评分标准

(1) 规定时间内完成项目 1,得 5 分。

(2) 规定时间内完成项目 2,得 5 分。

(3) 规定时间内完成项目 3,得 10 分。

(4) 每提前 10 min 加 1 分,加分上限是 2 分;未按照规定穿戴劳保用品扣 1~2 分。

(三) 需用材料及工具

(1) 万用表、电工工具、小型螺丝刀 2 把,工具自备。

(2) 劳保用品,设备部准备 2 套。

(3) 图纸一份,设备部准备,禁止故意在图纸上抹黑、标记号。

二、其他事项

（1）考试顺序按照设备部点名的名单进行。
（2）待考人员在空压机房等待，等候工作人员安排。
（3）完成考试人员离开配电室区域，禁止接近未考试人员。
（4）在考试及等待期间所有人员需注意安全，禁止随意走动。

附件

附件1　电气维修人员10 kV高压柜实操考试签到表

考试时间			考试地点	
序号	姓名	单位	考试顺序	签到
1				
2				
3				
4				
5				
6				
7				
8				

附件 2　电气维修人员 10 kV 高压柜实操考试得分表

被考评单位：

序号	考核项目　　得分　被考核人	规定时间内完成项目(1),得5分	规定时间内完成项目(2),得5分	规定时间内完成项目(3),得10分	每提前 10 min 加 1 分,加分上限是 2 分;未按照规定穿戴劳保用品扣 1~2 分	总分	备注
1							
2							
3							
4							
5							
6							
7							
8							
9							
10							
11							
12							

评分人员签字：

第十七章　电气维修人员实操考核 ——电机车故障处理

井下电机车实操,占实操考试总分数的 15%;考试地点:土堆混合井井下;考试人员:井下电气维修人员;考试时间:60 min;同时进行 2 名人员考试,矿区设一名电机车工,根据生产实际,在某中段选择具有 2 台 2.5 t 蓄电瓶的电机车,矿区根据考试时间安排,协调好生产。

一、电机车故障处理

(一) 故障描述

故障描述:电机车在 1~5 档电机车无法启动,6~8 档电机运转正常,无明显故障现象。
故障设置:用来解决电机车无法启动的故障现象。

(二) 评分标准

(1) 规定时间内完成故障设置,得 15 分。
(2) 每提前 10 分钟加 1 分,加分上限是 2 分。

(三) 需用材料及工具

(1) 万用表、电工工具、小型螺丝刀 2 把,工具自备。
(2) 劳保用品,自备。
(3) 图纸一份,设备部准备,禁止故意在图纸上抹黑、标记号。

二、其他事项

（1）考试顺序按照设备部点名的名单进行。

（2）待考人员在井下指定区域等待，等候工作人员安排。

（3）完成考试人员在马头门区域等罐，禁止接近未考试人员，有罐时，通知设备部后，方可升井。

（4）在考试及等待期间所有人员需注意安全，禁止随意走动。

附件

附件 1　维修人员 2.5 t 蓄电瓶电机车实操考试签到表

考试时间			考试地点	
序号	姓名	单位	考试顺序	签到
1				
2				
3				
4				
5				
6				
7				
8				

附件 2　井下电机车故障实操考试得分表

被考评单位：

序号	考核项目 得分 被考核人	规定时间内完成故障设置项目,得 15 分	每提前 10 min 加 1 分,加分上限是 2 分	总分	备注
1					
2					
3					
4					
5					
6					
7					

评分人员签字：

第十八章　电气维修人员实操考核
——PLC 编程

PLC 编程实操,占实操考试总分数的 35%;考试地点:35 kV 变电站 10 kV 高压室;考试人员:提升车间电气维修人员;考试时间:120 min;同时进行 4 名人员考试。

一、可编程序控制(PLC)

(一) 考试题目一

(1) 主要电气元器件:电脑 1 台、按钮 2 个,控制箱 1 套(柜内配置元器件有电源开关、24 V 电源、PLC、中间继电器 3 台),塑铜线若干。

(2) 利用 PLC 编程软件,进行星三角启停控制编程。通过编程软件内部程序互锁,保证星三角转换继电器不同时输出,星角转换时间为 5 s。根据现场提供的材料、启停按钮和三台中间继电器,正确接线,完成星三角启动功能。

(3) 评分标准:

① 规定时间内实现控制要求编程得 10 分,没有内部软件程序互锁扣 3 分。

② 规定时间内通过正确接线实现控制功能得 5 分,其中输入接线正确得 2 分,输出接线正确得 3 分,本次考试只要求接线正确,不考核接线工艺。

(二) 考试题目二

(1) 本题目要求考试人员只负责按照控制要求编程,编程完毕之后,由监考人员负责把程序拷贝到 2 楼控制柜,再由考试人员调试,调试时间 0～30 min,中间间断时间不计时。

(2) 控制要求:

液压站主要设备是 G1 电磁阀、G2 电磁阀、G3 电磁阀、G4 电磁阀、比例溢流控制阀 G5、液压泵电机 M0、压力传感器和温度传感器,模拟完成液压站控制功能如下:

① 按下启动按钮(I0.0),G1、G2、G3、G5、M0 得电,控制 2 路油管输出,按下停止按钮(I0.1),G1、G2、G3、G5、M0 失电。

② 工作中如果出现外部故障(I0.2),G1、G3、G5、M0 断电,G2 延时 2 s 断电,G2 断电后 G4 立即得电,G4 通电 2 s 断电。如果外部出现故障,必须复位(I0.3),才能够启动系统。

③ 温度达到 60 ℃报警输出,达到 65 ℃停 G1、G2、G3、G5、M0,温度通过 PT100(－50～150 ℃量程范围)。接入转换模块,模块输出是 4～20 MA,并要求通过下面公式实现模拟量转换。直接调用库文件不得分,如果不会转换,可以用 VD100 表示温度实际值(在程序中直

接调用)。

$$OV = [(OSH - OSL) \times (IV - ISL)/(ISH - ISL)]$$

其中,OV—实际输出温度值;OSI—温度最低限(-50.0);IV—换算对象(输入整型值);ISH—换算对象的高限(32000);OSH—换算结果的高限(150.0);ISI—换算对象的低限(6400)。

④ 停泵时残压达到 0.5 MPa,油泵无法启动。如果压力大于 6 MPa,停 G1、G2、G3、G5、M0,VD104 表示压力实际值(在程序中直接调用)。

(3)评分标准:

① 规定时间内实现所有功能编程得 15 分,否则不得分。

② 规定时间内完成正确温度模拟量转换得 5 分,否则不得分。

二、需用材料及工具

(1)万用表、电工工具、小型螺丝刀 2 把。

(2)劳保用品,自备。

三、其他事项

(1)考试顺序按照设备部点名的名单进行。

(2)待考人员在 10 kV 配电室西侧,等候工作人员安排。

(3)完成考试人员离开 10 kV 配电室区域,禁止接近未考试人员。

(4)在考试及等待期间所有人员需注意安全,禁止随意走动。

附件

附件 1 维修人员 2.5 t 蓄电瓶电机车实操考试方案签到表

考试时间			考试地点	
序号	姓名	单位	考试顺序	签到
1				
2				
3				

附件2 井下电机车故障实操考试得分表

被考评单位：

序号	考核项目 得分 被考核人	规定时间内实现控制要求编程得 10 分，没有内部软件互锁扣 3 分	规定时间内通过正确接线实现控制功能得 5 分，其中输入接线正确得 2 分，输出接线正确得 3 分	规定时间内实现所有功能编程得 15 分，否则不得分	规定时间内完成正确温度模拟量转换得 5 分，否则不得分	总分	备注
1							
2							
3							
4							
5							
6							
7							
8							
9							
10							
11							
12							

附　　录

附录一 矿区机械维修人员考核试题

姓名：　　　　　　　　单位：　　　　　　　　分数：

一、单项选择题(共 10 题,每题 2 分,计 20 分)

1. 单绳提升,钢丝绳与提升容器之间用桃形环连接时,钢丝绳由桃形环上平直的一侧穿入,用不少于(C)个绳卡(其间距为 200～300 mm)与首绳卡紧,然后再卡一视察圈(使用带模块楔紧装置的桃形环除外)。

A. 3　　　　　　　　B. 4　　　　　　　　C. 5　　　　　　　　D. 7

2. 每(B)至少进行一次反风试验,并测定主要风路反风后的风量。

A. 半年　　　　　　B. 一年　　　　　　C. 季度　　　　　　D. 10 个月

3. 卷筒上保留的钢丝绳,应不少于(D)圈,以减轻钢丝绳与卷筒连接处的张力。

A. 5　　　　　　　　B. 2　　　　　　　　C. 7　　　　　　　　D. 3

4. ⦣ 所示的液压元件符号是(A)。

A. 溢流阀　　　　　B. 减压阀　　　　　C. 单向阀　　　　　D. 节流阀

5. 在用竖井罐笼的防坠器,每(A)应进行一次清洗和不脱钩试验,(A)进行一次脱钩试验。

A. 半年;一年　　　　　　　　　　B. 三个月;半年

C. 三个月;一年　　　　　　　　　D. 五个月;一年

6. 对提升钢丝绳,除每日进行检查外,应每周进行一次详细检查,每月进行一次全面检查;人工检查时的速度应不高于(D),采用仪器检查时的速度应符合仪器的要求。对平衡绳(尾绳)和罐道绳,每月进行一次详细检查。所有检查结果,均应记录存档。

A. 0.5 m/s　　　　B. 1 m/s　　　　C. 0.6 m/s　　　　D. 0.3 m/s

7. 以钢丝绳标称直径为准计算的直径减小量达到(A)时,应更换。

A. 10%　　　　　　B. 5%　　　　　　　C. 3%　　　　　　　D. 15%

8. 提升用钢丝绳一个捻距内的断丝断面积与钢丝总断面积之比达(C)时,需更换。

A. 2%　　　　　　　B. 8%　　　　　　　C. 5%　　　　　　　D. 10%

9. 下列钢丝绳中,哪个捻法为右交互捻?(A)

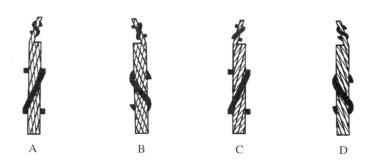

A　　　　　　　　B　　　　　　　　C　　　　　　　　D

10. 对主导轮和导向轮的摩擦衬垫,应视其磨损情况及时车削绳槽。绳槽直径差应不大于 0.8 mm。衬垫磨损达(B),应及时更换。

A. 1/2　　　　　　B. 2/3　　　　　　C. 1/3　　　　　　D. 1/4

二、多项选择题(每题 2 分,少选得 1 分,多选错选不得分,共 5 题,计 10 分)

1. 以下选项属于特种设备的有(ABCD)。

A. 压力容器　B. 起重机械　C. 电梯　D. 压力管道

2. 电机车每班需检查哪些内容?(ABC)

A. 车灯　　　　　B. 车铃　　　　　C. 车闸　　　　　D. 轮缘厚度

3. 人员站在空提升容器的顶盖上检修、检查井筒时,应有哪些安全防护措施?(ABCD)

A. 安全伞　　　　　　　　　　B. 安全带

C. 专用信号联系装置　　　　　D. 升降速度应不超过 0.3 m/s

4. 扒渣机液压系统不工作的原因有哪些?(　　　)

A. 液压泵损坏　　　　　　　　B. 液压油不足

C. 吸入空气　　　　　　　　　D. 轮胎磨损

5. 下列选项哪些是造成螺杆空压机高温原因?(AC)。

A. 温控阀故障　　　　　　　　B. 进气阀故障

C. 环境温度高　　　　　　　　D. 排气管路泄漏

三、填空题(共 5 题,每题 2 分,计 10 分)

1. 单绳缠绕式提升钢丝绳提人时安全系数不小于__8__,提物时不小于__7.5__。

2. D46-50×5 型多级离心泵,由型号可知该泵的扬程为__250__m,流量为__46__m³/h。

3. 罐笼门上部边缘离罐体底板不应小于1 200 mm,下部边缘离罐体底板不应小于250 mm,横竖杆间距不应大于200 mm。

4. 提升机液压站残压应符合下列要求:设计压力≤6.3 MPa 的,残压不大于0.5 MPa;设计压力>6.3 MPa 的,残压不大于1.0 MPa。

5. 液压系统的压力取决于负载。

四、判断题(共 10 题,每题 1 分,计 10 分)

1. 多绳摩擦提升机的首绳,使用中有 1 根不合格的,应全部更换。(√)

2. 压力表、安全阀属于压力容器的安全附件。(√)

3. 双筒提升机调绳,应在无负荷情况下进行。(√)

4. 每台主扇应具有相同型号和规格的备用电动机,并有能迅速调换电动机的设施。（ √ ）

5. 每班应检查电机车的闸、灯、警铃、连接器和过电流保护装置,任何一项不正常,均不应使用。（ √ ）

6. 盘式制动器的闸瓦与制动盘的接触面积,应大于制动盘面积的 60%;应经常检查调整闸瓦与制动盘的间隙,保持在 1 mm 左右,且应不大于 2 mm。（ √ ）

7. 井下使用的带式运输机(皮带机)应使用阻燃皮带。（ √ ）

8. 螺杆空压机油起冷却、润滑、密封的作用。（ √ ）

9. 耙矿绞车停止运行时,应使钢丝绳处于紧绷状态。（ × ）

10. 该液压符号表示节流阀。（ × ）

五、简答题(共 4 题,计 50 分)

1. 写出卡尺读数,精度为 0.1 mm。（5 分）

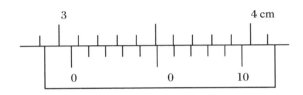

答:30.6 mm。

2. 简述提升机的盘形制动器拆装步骤(见附图)。（20 分）

答:关闭不调整的制动器油路闸阀,仅给要调整的制动器通入液压油使其松闸;关闭要调整的盘形制动器的闸阀,取出调整盘的锁紧螺丝。

将调整螺母旋出 10 mm 左右。

拆卸后盖—中心螺母—油缸—密封圈—活塞—碟簧等部件后清洗、加油等;以拆卸的反方向安装各个部件,调整闸瓦间隙为 0.8～1 mm;拧紧调整盘的锁紧螺丝,试车达到刹车灵敏可靠为止。

3. 请写出造成螺杆空压机排气温度高的原因及处理方式(不少于三条)。（10 分）

答:① 散热器堵塞:清理散热器;② 温控阀损坏:更换或维修温控阀;③ 冷却风扇故障:恢复冷却风扇;④ 空压机缺少冷却液:添加冷却液;⑤ 空压机冷却液失效:更换冷却液;⑥ 油滤堵塞:更换油滤;等等。

4. 下图中有三处错误,请在图中标出,并说明错误原因。（每处错误 5 分,共 15 分）

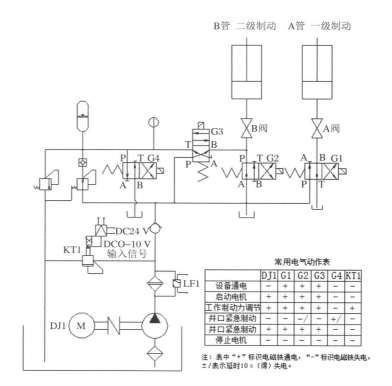

答：

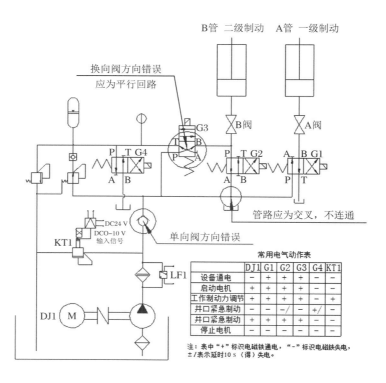

附图：

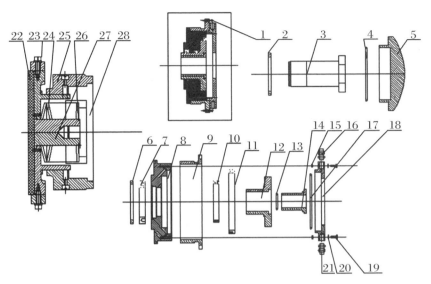

1. 锁紧螺钉；2. 垫圈；3. 连接螺栓；4. O 型圈；5. 后盖；6. 26、挡圈；7. 10、11：Yx 密封圈；8. 油缸；
9. 调整螺母；10. 活塞；13、15、17：O 型圈；14. 弹簧内套；16. 进油接头；18. 油缸盖；19. 固定螺钉；
20. 弹簧垫圈；21. 回油接头；22. 闸瓦；23. 筒体；24. 蝶形弹簧；25. 制动器体；27. 连接轴；28. 弹簧垫

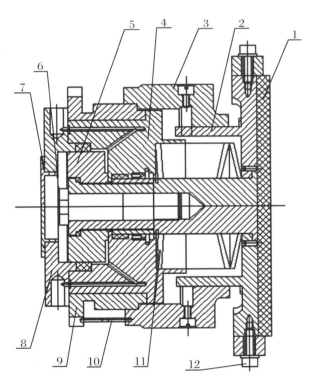

1. 闸瓦；2. 带套筒衬板；3. 制动器体；4. 制动油缸；5. 活塞；6. 连接螺栓；
7. 后盖；8. 油缸盖；9. 调节螺母；10. 锁紧螺钉；11. 碟形弹簧；12. 压板

附录二 选矿车间机械维修人员考核试题

姓名：　　　　　　　　单位：　　　　　　　　分数：

一、单项选择题（共10题，每题2分，计20分）

1. GP100S 水平轴使用哪种润滑油？（ D ）
A. 3♯锂基脂　　　　　　　　　　　　B. BP 安能脂 L21-M
C. 美孚液压油　　　　　　　　　　　D. 600XP150 齿轮油

2. XZGZ1321 振动给矿机振幅不得超过给矿机设计极限值（ D ）mm。
A. 8　　　　　　　B. 10　　　　　　C. 3　　　　　　D. 5

3. MQY3254 溢流型球磨机主电动机升温不超过（ A ）℃。
A. 60　　　　　　B. 70　　　　　　C. 50　　　　　　D. 45

4. 所示的液压元件符号是（ A ）。

A. 溢流阀　　　　　B. 减压阀　　　　　C. 单向阀　　　　　D. 节流阀

5. SGMB 65/2.5A 隔膜泵动力段油温不得超过（ D ）℃。
A. 80　　　　　　B. 70　　　　　　C. 65　　　　　　D. 75

6. 渣浆泵机械密封水压力为(进口压力＋出口压力)/2＋（ B ）kg(压力单位 bar)。
A. 0.1　　　　　B. 0.5　　　　　C. 0.2　　　　　D. 0.3

7. 美卓公司要求，GP100S 圆锥破碎机动锥锁母上沿与顶轴承间隙小于（ B ）mm 时，需更换衬板。
A. 3　　　　　　B. 5　　　　　　C. 6　　　　　　D. 8

8. GP100S 圆锥破碎机水平轴轴承温度不得超过（ D ）℃。
A. 80　　　　　　B. 60　　　　　　C. 70　　　　　　D. 75

9. HP200 润滑系统正常压力为（ A ）。
A. 110～400 kPa　　　　　　　　　B. 110～600 kPa
C. 50～110 kPa　　　　　　　　　　D. 50～100 kPa

10. NZY-15G 高效浓缩机液压站新机运转一周更换，以后每（ A ）个月更换一次。
A. 6　　　　　　B. 12　　　　　　C. 9　　　　　　D. 18

二、多项选择题(每题 2 分,少选得 1 分,多选错选不得分,共 5 题,计 10 分)

1. 以下选项属于特种设备的有(ABCD)。
   A. 压力容器　　　　B. 起重机械　　　　C. 电梯　　　　D. 压力管道
2. HP200 偏心铜套烧毁的原因有哪些?(ABC)
   A. 给料过湿　　　　B. 过铁　　　　C. 给料偏析　　　　D. 电动机润滑不良
3. HP200 破碎机机体过热的主要原因有哪些?(ABCD)
   A. 上推力轴承磨损　　　　　　　　B. 排料口太小
   C. 动锥下衬套表面被磨损　　　　　D. 三角皮带过于紧张
4. 2YAH2160 振动筛物料跑偏的原因有哪些?(ABC)。
   A. 筛体两侧振幅不同　　　　　　　B. 筛体倾斜
   C. 弹簧损坏　　　　　　　　　　　D. 电动机轴承润滑不良
5. 下列选项哪些是造成螺杆空压机高温的原因?(AC)。
   A. 温控阀故障　　　　　　　　　　B. 进气阀故障
   C. 环境温度高　　　　　　　　　　D. 排气管路泄漏

三、填空题(共 5 题,每题 2 分,计 10 分)

1. 球磨机主轴瓦合金层的磨损量一般不应大于其厚度的 <u>1/3~1/4</u> 。
2. D46-50×5 型多级离心泵,由型号可知该泵的扬程为 <u>250</u> m,流量为 <u>46</u> m³/h。
3. 压滤机活塞缸维修装配后,在最大压力的 <u>1.1</u> 倍下 5 min 内,不得有泄漏或渗漏现象。
4. 对于 SGMB 65/2.5A 型隔膜泵,型号中 65 代表 <u>流量为 65 m³/h</u> ,2.5 代表 <u>最大工作压力为 2.5 MPa</u> 。
5. GP100S 圆锥破碎机主轴推力轴承油槽深度小于 <u>2</u> mm 时,需更换。

四、判断题(共 10 题,每题 1 分,计 10 分)

1. C80 颚式破碎机传动皮带可以新旧同时使用。(×)
2. 压力表、安全阀属于压力容器的安全附件。(√)
3. 滚筒减速机首次换油是 10 天,以后每 6 个月换一次。(√)
4. 滚筒减速机可加抗磨液压油 L-HM46 或极压闭式齿轮油 L-CKC46。(√)
5. MQY3254 球磨机小齿轮面磨损量不应大于齿厚的 30%。(√)
6. 大齿圈齿面的磨损量大于齿厚的 25%,可倒面使用,磨至 1/2 时应报废。(√)
7. 使用起重机起吊物体,当吊物起升后,一般以高出地面最高障碍物 0.5 m 为宜,吊物从安全通道吊运,禁止从人头或设备上面通过。(√)
8. 螺杆空压机油起冷却、润滑、密封的作用。(√)
9. XMZGF240/1250-U 隔膜压滤机油缸最大压紧力要控制在 21 MPa 以下。(√)
10. 该液压符号表示节流阀。(×)

五、简答题（共4题,计50分）

1. 写出卡尺读数,精度为 0.1 mm。（5分）

答:30.6 mm。

2. 下图中,GP100S 动锥总成吊装存在什么问题? 应该如何操作?（10分）

答:(1) 吊装点不对。

（2）吊钩防脱钩失效。

3. 简述 HP200 动锥衬板更换过程。（20分）

答:(1) 拆下动锥吊板,打磨锁紧螺栓和切割环及切割环和动锥衬板之间的两条焊缝。

（2）将带两个螺钉的锁紧扳手放入锁紧螺栓的螺孔内,用大锤敲击扳手,按顺时针方向将锁紧螺栓拧松。

（3）检查动锥和锁紧螺栓的螺纹,除掉可能存在的毛刺或刻痕,并彻底清洁螺纹,在螺纹上涂上润滑脂或润滑油。

（4）在动锥外表面及定锥内表面薄薄地涂一层润滑油,这样可防止环氧树脂填料黏附到动锥或定锥上。

（5）正确安装动锥衬板非常重要,动锥衬板的松动或翘起可能损坏坐在动锥上的动锥衬板。

（6）用大锤敲击使锁紧螺栓向下拧紧以使衬板在动锥上对中并就位。

（7）加填料。

（8）在锁紧螺栓切割环和衬板竖向画一条垂直记号线,用扳手将锁紧螺栓充分拧紧。

（9）锁紧螺栓拧紧到动锥上之后,在动锥衬板与切割环之间、切割环与锁紧螺栓之间,按完全相反方式焊 231 g:50 mm 的焊缝。

4. 下图为提升绞车的液压原理图,两制动油缸动作。请参照电气动作表中工作制动力调节项,查找出图中的三处错误,在图中标出,并说明错误原因。（每处错误5分,共15分）

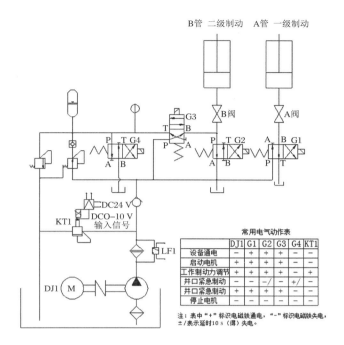

常用电气动作表

	DJ1	G1	G2	G3	G4	KT1
设备通电	－	＋	＋	＋	－	－
启动电机	＋	＋	＋	＋	－	－
工作制动力调节	＋	＋	＋	＋	－	＋
井口紧急制动	－	－	－/	－	＋/	－
井口紧急制动	＋	＋	＋	＋	－	－
停止电机	－	－	－	－	－	－

注：表中"＋"标识电磁铁通电，"－"标识电磁铁失电，
±/表示延时10 s（得）失电。

答：

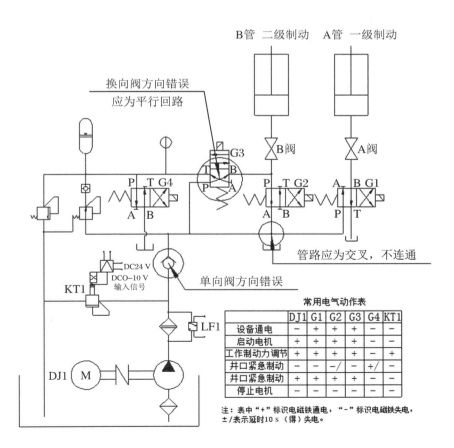

常用电气动作表

	DJ1	G1	G2	G3	G4	KT1
设备通电	－	＋	＋	＋	－	－
启动电机	＋	＋	＋	＋	－	－
工作制动力调节	＋	＋	＋	＋	－	＋
井口紧急制动	－	－	－/	－	＋/	－
井口紧急制动	＋	＋	＋	＋	－	－
停止电机	－	－	－	－	－	－

注：表中"＋"标识电磁铁通电，"－"标识电磁铁失电，
±/表示延时10 s（得）失电。

附录三　提升电气维修人员考核试题

姓名：　　　　　　　单位：　　　　　　　分数：

一、单项选择题(共 30 题,每题 1 分,计 30 分)

1. 供电设备和线路的停电和送电,应严格执行(A)。
A. 工作票制度　　　　　　　　　　B. 倒闸操作制度
C. 口头交代　　　　　　　　　　　D. 电话传达

2. 机械过卷保护装置应安装在井架和深度指示器上;当提升容器或平衡锤超过正常卸载(罐笼为进出车)位置(C)时,提升设备自动停止运转,同时实现安全制动;此外,还应设置不能再向过卷方向接通电动机电源的联锁装置。
A. 1 m　　　　　　B. 2 m　　　　　　C. 0.5 m　　　　　　D. 任意位置

3. 主扇风机房,应设有测量(D)等的仪表。每班都应对扇风机运转情况进行检查,并填写运转记录。
A. 风压、风量　　B. 电流、电压　　C. 轴承温度　　D. 以上都是

4. 在水平巷道或倾角 45°以下的巷道内,电缆悬挂高度和位置,应使电缆在矿车脱轨时不致受到撞击、在电缆坠落时不致落在轨道或运输机上,电力电缆悬挂点的间距应不大于(A),控制与信号电缆及小断面电力电缆间距应为 1.0~1.5 m,与巷道周边最小净距应不小于 50 mm。
A. 3 m　　　　　　B. 2 m　　　　　　C. 1 m　　　　　　D. 5 m

5. 运行中的空压机报警油温为(　　　),停机温度为(B)。
A. 80 ℃;130 ℃　　　　　　　　　B. 90 ℃;110 ℃
C. 90 ℃;130 ℃　　　　　　　　　D. 95 ℃;110 ℃

6. 值班人员因工作需要,需移开遮栏进行工作,要求的安全距离是(A)。
A. 0.7 m　　　　B. 1.0 m　　　　C. 1.5 m　　　　D. 3.0 m

7. 为了防止油过快老化,变压器上层油温不得经常超过(C)。
A. 60 ℃　　　　B. 75 ℃　　　　C. 85 ℃　　　　D. 100 ℃

8. 线路停电作业时,应在线路开关和刀闸操作手柄上悬挂(C)的标志牌。
A. 在此工作　　　　　　　　　　　B. 止步高压危险
C. 禁止合闸线路有人工作　　　　　D. 运行中

9. 电气工作人员在 10 kV 配电装置附近工作时,其正常活动范围与带电设备的最小安全距离是(D)。

A. 0.2 m　　　　　　B. 0.35 m　　　　　　C. 0.4 m　　　　　　D. 0.5 m

10. 电力变压器中,油的作用是(B)。

A. 绝缘和灭弧　　　　　　　　　　　B. 绝缘和散热

C. 绝缘和防锈　　　　　　　　　　　D. 散热和防锈

11. 电缆悬挂点的间距,在水平巷道或倾斜巷道内不得超过(A)m;在立井井筒中不得超过(　　)m。

A. 3;6　　　　　　B. 5;7　　　　　　C. 6;5　　　　　　D. 9;6

12. 井下总接地网的接地电阻不能大于(C)

A. 5 Ω　　　　　　B. 1 Ω　　　　　　C. 2 Ω　　　　　　D. 0.2 Ω

13. 电气灭火最好选用(A)

A. 干粉灭火器　　　　　　　　　　　B. CO₂ 灭火器

C. 1211 灭火器　　　　　　　　　　D. 泡沫灭火器

14. 低速检查井筒及钢丝绳,运行速度应不超过(B)。

A. 0.5 m/s　　　　B. 0.3 m/s　　　　C. 0.6 m/s　　　　D. 1.0 m/s

15. 螺杆空压机驱动电机轴承温度不得高于(A)℃。

A. 75　　　　　　B. 80　　　　　　C. 90　　　　　　D. 90

16. 面板显示"Main Motor Overload"的机器故障为(A)。

A. 主电机过载　　　　　　　　　　　B. 机组排气温度高

C. 紧急停机　　　　　　　　　　　　D. 相序错误

17. 面板显示"Temperature Sensor Failure"的机器故障为(C)。

A. 排气压力高　　　　　　　　　　　B. 主机超温

C. 温度传感器故障　　　　　　　　　D. 无控制电源

18. 井下局扇风机,应设有(A)。

A. 启停传感器　　　　　　　　　　　B. 正反转控制器

C. 急停按钮　　　　　　　　　　　　D. 风速传感器

19. 过速保护装置是指当提升速度超过规定速度的(A)时,提升机自动停止运转,实现安全制动。

A. 15%　　　　　　B. 20%　　　　　　C. 25%　　　　　　D. 5%

20. 竖井用罐笼升降人员时,加速度和减速度应不超过(B)。

A. 0.5 m/s²　　　B. 0.75 m/s²　　　C. 0.15 m/s²　　　D. 1.00 m/s²

21. 原则上热继电器的额定电流按(A)。

A. 电机的额定电流选择　　　　　　　B. 主电路的电流选择

C. 控制电路的电流选择　　　　　　　D. 电热元件的电流选择

22. 通电延时时间继电器的线圈图形符号为(B)。

A.　　　　　　　　B.　　　　　　　　C.　　　　　　　　D.

23. 断电延时断开常闭触点的图形符号是(B)。

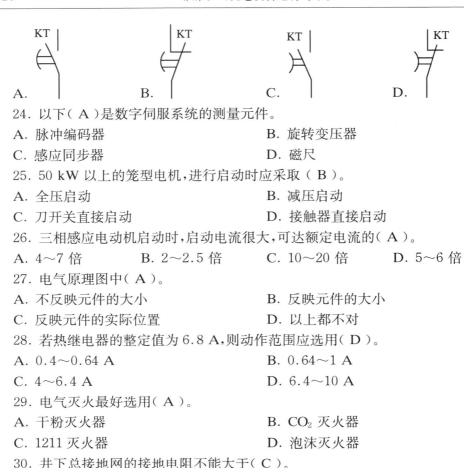

24. 以下（ A ）是数字伺服系统的测量元件。

A. 脉冲编码器   B. 旋转变压器

C. 感应同步器   D. 磁尺

25. 50 kW 以上的笼型电机,进行启动时应采取（ B ）。

A. 全压启动   B. 减压启动

C. 刀开关直接启动   D. 接触器直接启动

26. 三相感应电动机启动时,启动电流很大,可达额定电流的（ A ）。

A. 4～7 倍   B. 2～2.5 倍   C. 10～20 倍   D. 5～6 倍

27. 电气原理图中（ A ）。

A. 不反映元件的大小   B. 反映元件的大小

C. 反映元件的实际位置   D. 以上都不对

28. 若热继电器的整定值为 6.8 A,则动作范围应选用（ D ）。

A. 0.4～0.64 A   B. 0.64～1 A

C. 4～6.4 A   D. 6.4～10 A

29. 电气灭火最好选用（ A ）。

A. 干粉灭火器   B. CO_2 灭火器

C. 1211 灭火器   D. 泡沫灭火器

30. 井下总接地网的接地电阻不能大于（ C ）。

A. 5 Ω   B. 1 Ω   C. 2 Ω   D. 0.2 Ω

二、判断题（共 20 题,每题 1 分,计 20 分）

1. 电缆通过防火墙、防水墙或硐室部分,每条应分别用金属管或混凝土管保护。管孔应根据实际需要予以密闭。（ √ ）

2. 从井下中央变电所或采区配电所引出的低压馈出线,没必要装设带有过电流保护的断路器。（ × ）

3. 接地干线应采用截面积不小于 100 mm^2、厚度不小于 4 mm 的扁钢,或直径不小于 10 mm 的圆钢。（ × ）

4. 当任一主接地极断开时,在其余主接地极连成的接地网上任一点测得的总接地电阻,不应大于 2 Ω。（ √ ）

5. 停电检修时所有已切断的开关把手均应加锁,应验电、放电和将线路接地,并且悬挂"有人作业,禁止送电"的警示牌。只有执行这项工作的人员,才有权取下警示牌并送电;可允许单人作业。（ × ）

6. 箕斗提升系统,应设有能从各装矿点发给提升机司机的信号装置及电话或话筒。装矿点信号与提升机的启动,应有闭锁关系。（ √ ）

7. 井下应采用矿用变压器,若用普通变压器,其中性点必须直接接地,变压器二次侧的中性点应引出载流中性线（N 线）。（ × ）

8. 在竖井或倾角大于45°的巷道内,电缆悬挂点的间距:在倾斜巷道内,电力电缆应不超过 3 m,控制与信号电缆及小截面电力电缆应不超过 1.5 m;在竖井内应不超过 6 m;敷设电缆的夹子卡箍或其他夹持装置,应能承受电缆重量,且应不损坏电缆的外皮。(×)

9. 井下所有电气设备的金属外壳及电缆的配件、金属外皮等,均应接地。巷道中接近电缆线路的金属构筑物等也应接地。(√)

10. 电气设备着火时,应首先切断电源。在电源切断之前,只准用不导电的灭火器材灭火。(√)

11. 遇火点燃时,燃烧速度很慢,离开火源后即能自行熄灭的电缆称为阻燃电缆。(√)

12. 井下低压电器设备的三大保护试验应每半年试验一次。(√)

13. 低压电动机的控制设备应具有短路、过负荷、单向断线、漏电闭锁保护装置及远程控制装置。(√)

14. 当线路的绝缘电阻值下降到 50 kΩ 时,应采取措施进行处理。(×)

15. 电流在通过人体的四肢途径中,从右手到脚的途径,电流对人的伤害最为严重。(×)

16. 空压机在加载状态时,卸载电磁阀关闭,放气电磁阀关闭。(×)

17. 容量大于 30 kW 的鼠笼式电机可选择直接启动。(×)

18. 直流电机可逆调速系统必须同时改变电枢绕组和励磁绕组电源电压的极性,电机才能改变转动方向。(×)

19. 直流电机调速系统速度可以随意调整,不影响动态性能。(×)

20. 空压机若要正常停机,可通过按下急停按钮实现。(×)

三、制图分析题(15 分)

设计一个三相异步电动机正—反—停的主电路和控制电路图,电机功率为 15 kW,选择合适的电气元器件及主回路电缆容量,在图中标注电气元器件主要技术参数,并具有短路、过载保护。

答:

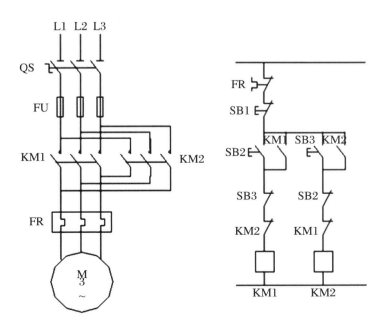

四、图纸错误查找题(15 分)

下图为 1 台 55 kW 电机星三角降压启动一次及二次接线图,找出图中的三处错误。

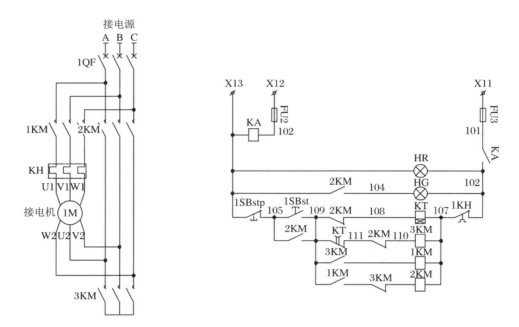

答:错误 1:一次线路电机接线相序错误,W2\U2\V2 接线需调整。错误 2:二次线路,2 KM 辅助触点接线错误,作为自保持功能,应改接为 1 KM。错误 3:与 1 KM 线圈连接的 3 KM 触点选用错误,应该去除。

五、故障分析题(共 3 处问题,计 20 分)

提升机正常发车前操作台允许运行指示灯必须常亮。现因故障导致提升机无法开车,罐笼停在井口,操作台允许运行指示灯不亮,不满足运行条件。根据给出程序找出程序中存在的错误,或可能损坏的电气元器件。说明:开车方式为自动,"条件 01"满足,无故障,锁提升动作。

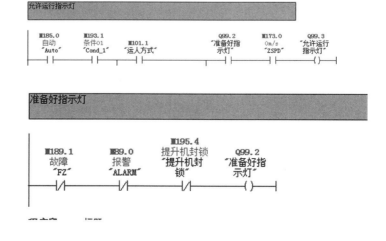

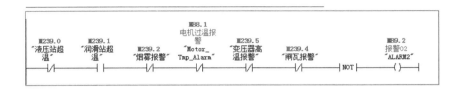

程序段23: 报警

注释：

提升机封锁

答：(1)"准备好指示灯"程序段中 M239.1 常开点设置不符合逻辑,应改为常闭点。

(2)"提升机封锁"程序段中 M177.0 和 M173.2 同时动作,查找外部接点存在故障,需要排除。

(3)"提升机封锁"程序段中 M177.1 和 M173.2 同时动作,查找外部接点存在故障,需要排除。

附录四 选矿车间电气维修人员考核试题

姓名：　　　　　　　单位：　　　　　　　分数：

一、单项选择题(共 30 题,每题 1 分,计 30 分)

1. 供电设备和线路的停电和送电,应严格执行(A)。
A. 工作票制度　　　　　　　　　B. 倒闸操作制度
C. 口头交代　　　　　　　　　　D. 电话传达

2. 选厂碎矿车间变电室 630 kVA 变压器分接开关有 3 个档位,当前档位为Ⅱ档,夏季时节车间低压母线电压偏低 365 V,为保证设备运行电压质量,需调整分接开关位置到(C)
A. Ⅰ档　　　　　　B. Ⅱ档　　　　　　C. Ⅲ档

3. 选厂 MQY3254 球磨机同步直流电机,励磁方式为(C),电机极数为(C)。
A. 他励;48　　B. 串励;36　　C. 他励;36　　D. 串励;48

4. 电压在(C)V 以下进行带电作业,需经有关领导批准,有专人监护。电压在(C)V 以上严禁带电作业。
A. 36　　　　　　B. 110　　　　　　C. 250　　　　　　D. 380

5. 运行中的空压机报警油温为(B)℃,停机温度为(B)℃。
A. 80;130　　　　B. 90;110　　　　C. 90;130　　　　D. 95;110

6. 值班人员因工作需要,须移开遮栏进行工作,10 kV 等级要求的安全距离是(A)。
A. 0.7 m　　　　　B. 1.0 m　　　　　C. 1.5 m　　　　　D. 3.0 m

7. 为了防止油过快老化,变压器上层油温不得经常超过(C)。
A. 60 ℃　　　　　B. 75 ℃　　　　　C. 85 ℃　　　　　D. 100 ℃

8. 线路停电作业时,应在线路开关和刀闸操作手柄上悬挂(C)的标志牌。
A. 在此工作　　　　　　　　　　B. 止步高压危险
C. 禁止合闸线路有人工作　　　　D. 运行中

9. 电气工作人员在 10 kV 配电装置附近工作时,其正常活动范围与带电设备的最小安全距离是(D)。
A. 0.2 m　　　　　B. 0.35 m　　　　C. 0.4 m　　　　　D. 0.5 m

10. 电力变压器中,油的作用是(B)。
A. 绝缘和灭弧　　　　　　　　　B. 绝缘和散热
C. 绝缘和防锈　　　　　　　　　D. 散热和防锈

11. 变压器的接地电阻应符合要求,对于 100 kVA 以上的变压器,接地电阻小于(D)欧,而 100 kVA 以下的变压器接地电阻小于(　)Ω。
A. 2;4　　　　　　B. 4;20　　　　　C. 2;10　　　　　D. 4;10

12. 停运的变压器在恢复送电时,必须进行清扫、检查、绝缘电阻试验。停运期超过(B)个月,须按检修后鉴定项目做试验。

A. 3　　　　　　　B. 6　　　　　　　C. 12　　　　　　　D. 都不是

13. 电气灭火最好选用(A)

A. 干粉灭火器　　　　　　　　　　B. CO_2 灭火器

C. 1211 灭火器　　　　　　　　　　D. 泡沫灭火器

14. MQY3254 球磨机润滑站,压力控制器是用于控制压力之用,正常工作油泵压力稳定在(C)MPa 压力。

A. 0.05　　　　　　B. 0.1　　　　　　C. 0.4　　　　　　D. 1.0

15. 螺杆空压机驱动电机轴承温度不得高于(A)℃。

A. 75　　　　　　　B. 80　　　　　　　C. 90　　　　　　　D. 90

16. 面板显示"Main Motor Overload"的机器故障为(A)。

A. 主电机过载　　　　　　　　　　B. 机组排气温度高

C. 紧急停机　　　　　　　　　　　D. 相序错误

17. 面板显示"Temperature Sensor Failure"的机器故障(C)。

A. 排气压力高　　　　　　　　　　B. 主机超温

C. 温度传感器故障　　　　　　　　D. 无控制电源

18. 在室内拉临时动力线,应采用绝缘良好的导线并架空在(C)m 以上,用完后立即拆除。

A. 1.5　　　　　　B. 1.8　　　　　　C. 2　　　　　　　D. 2.5

19. 用测电笔时,不准超出适用范围,一般测电笔只许测(C)V 以下的电压,严禁测高压。

A. 220　　　　　　B. 380　　　　　　C. 500　　　　　　D. 660

20. 电动机 B 级绝缘不超过(B)。

A. 60 ℃　　　　　　B. 75 ℃　　　　　　C. 80 ℃　　　　　　D. 85 ℃

21. 原则上热继电器的额定电流按(A)。

A. 电机的额定电流选择　　　　　　B. 主电路的电流选择

C. 控制电路的电流选择　　　　　　D. 电热元件的电流选择

22. 通电延时时间继电器的线圈图形符号为(B)。

A.　　　　　　　B.　　　　　　　C.　　　　　　　D.

23. 断电延时断开常闭触点的图形符号是(B)。

A.　　　　　　　B.　　　　　　　C.　　　　　　　D.

24. (A)是数字伺服系统的测量元件。

A. 脉冲编码器　　　　　　　　　　B. 旋转变压器

C. 感应同步器　　　　　　　　　　D. 磁尺

25. 50 kW 以上的笼型电机,进行启动时应采取(B)。

A. 全压启动   B. 减压启动

C. 刀开关直接启动   D. 接触器直接启动

26. 三相感应电动机启动时,启动电流很大,可达额定电流的(A)。

A. 4~7 倍   B. 2~2.5 倍   C. 10~20 倍   D. 5~6 倍

27. 电气原理图中(A)。

A. 不反映元件的大小   B. 反映元件的大小

C. 反映元件的实际位置   D. 以上都不对

28. 热继电器的整定值为 6.8 A,则动作范围应选用(D)。

A. 0.4~0.64 A   B. 0.64~1 A

C. 4~6.4 A   D. 6.4~10 A

29. 无轨运输系统中,设备顶部至巷道顶板的距离不小于(B)。

A. 0.5 m   B. 0.6 m   C. 0.7 m   D. 0.8 m

30. 电动机绝缘电阻在热状态下每千伏不小于(C)。

A. 0.1 MΩ   B. 0.5 Ω   C. 1 Ω   D. 1.5 Ω

二、判断题(共 20 道题,每题 1 分,计 20 分)

1. 电缆通过防火墙、防水墙或碉室部分,每条应分别用金属管或混凝土管保护。管孔应根据实际需要予以密闭。(√)

2. 变压器上层油温应经常保持在 75 ℃ 以下运行,不超过 85 ℃,最高不得超过 95 ℃。(√)

3. 拆接地线要先拆接地端,后拆导体端。(×)

4. 10 kV 的电压互感器在母线接地 2 h 以上,应注意电压互感器的发热情况。(√)

5. 停电检修时所有已切断的开关把手均应加锁,应验电、放电和将线路接地,并且悬挂"有人作业,禁止送电"的警示牌。只有执行这项工作的人员,才有权取下警示牌并送电;可允许单人作业。(×)

6. 母线及其连接点在通过其允许电流时,温度不应超过 70 ℃。(√)

7. 10 kV 的电容器最高运行电压不应超过 12 kV,最大允许电流不应超过其额定电流的 1.3 倍,否则应退出运行,事故情况下,应立即将电容器切除,电容器的投入与退出应报告电力调度。(√)

8. 选矿厂工艺流程控制,采用集中控制方式时,应设置下列信号:① 启动预告信号;② 状态信号;③ 主要生产工作站之间联系信号;④ 事故信号和紧急停车信号。(√)

9. 全站正常送电操作时,应先分开总电源柜、分路出线柜、电容器柜内接地刀闸,确认各接地刀闸都分开到位后,推入总电源真空开关手车到位进行送电操作,然后推入电容器真空开关手车到位进行送电操作,最后推入各分路真空开关手车到位进行送电操作。(×)

10. 电气设备着火时,应首先切断电源。在电源切断之前,只准用不导电的灭火器材灭火。(√)

11. 遇火点燃时,燃烧速度很慢,离开火源后即能自行熄灭的电缆称为阻燃电缆。(√)

12. 当线路的绝缘电阻值下降到 50 kΩ 时应采取措施进行处理。(×)

13. 低压电动机的控制设备应具有短路、过负荷、单向断线、漏电闭锁保护装置及远程控制装置。（√）

14. 警告信息一般不会导致空压机跳闸,因此一般无需及时对警告信息进行处理。（×）

15. 电流通过人体的四肢途径中,从右手到脚的途径,电流对人的伤害最为严重。（×）

16. 空压机在加载状态时,卸载电磁阀关闭,放气电磁阀关闭。（×）

17. 容量大于 30 kW 的鼠笼式电机可选择直接启动。（×）

18. 直流电机可逆调速系统必须同时改变电枢绕组和励磁绕组电源电压的极性,电机才能改变转动方向。（×）

19. 直流电机调速系统速度可以随意调整,不影响动态性能。（×）

20. 空压机若要正常停机,可通过按下急停按钮实现。（×）

三、制图分析题(15 分)

设计一个三相异步电动机正—反—停的主电路和控制电路图,电机功率为 15 kW,选择合适的电气元器件及主线缆容量,在图中标注元器件主要技术参数,并具有短路、过载保护。

答:

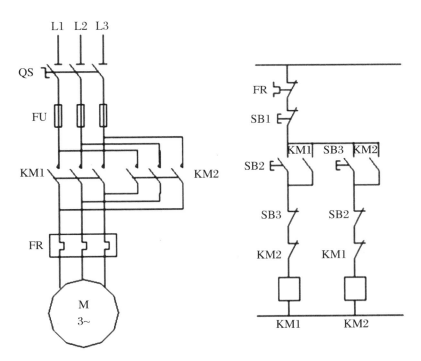

四、图纸错误查找题(15 分)

下图为 1 台 55 kW 电机星三角降压启动一次及二次接线图,找出图中三处错误。

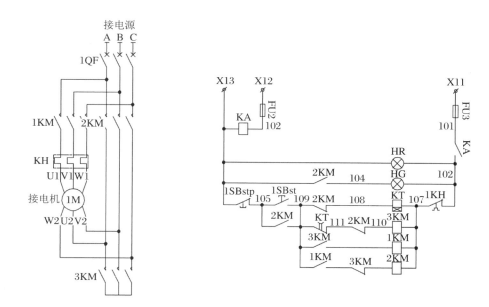

答:错误1:一次线路电机接线相序错误,W2\U2\V2 接线需调整。错误2:二次线路, 2KM 辅助触点接线错误,作为自保持功能,应改接为1KM。错误3:与1KM 线圈连接的 3KM 触点选用错误,应该去除。

五、故障分析题(20 分)

下面程序段是××根据相关要求,自己编写的球磨机部分控制梯形图,上机试验无法实现控制功能,有三处错误。找出错误处并更改。(M0.0 闭合:表示自动模式下主机启动)

控制要求:

(1)手动模式:按下启动按钮或触摸屏按钮能够点动运行1♯和2♯低压油泵。

(2)自动模式:按下主机启动(M0.0 闭合),1♯低压油泵运行,运行中出现压力过低,立即自动启动2♯低压油泵,压力达到设定值之后,再切掉2♯低压油泵,两台低压油泵同时运行,压力仍低于设定压力,延时30 s 自动停机。

程序段 1

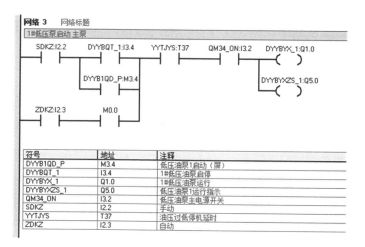

符号	地址	注释
DYYB1QD_P	M3.4	低压油泵1启动（屏）
DYYBQT_1	I3.4	1#低压油泵启停
DYYBYX_1	Q1.0	1#低压油泵运行
DYYBYXZS_1	Q5.0	低压油泵1运行指示
QM34_ON	I3.2	低压油泵主电源开关
SDKZ	I2.2	手动
YYTJYS	T37	油压过低停机延时
ZDKZ	I2.3	自动

程序段 2

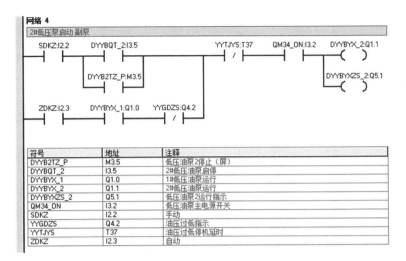

程序段 3

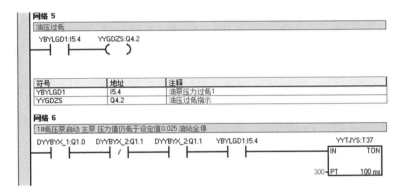

程序段 4

答：

错误 1：程序段 1 中 T37 时间继电器常闭触电应为常开触点。

错误 2：程序段 2 中压力过低输出继电器 Q4.2 的常闭触电应为常开触点。

错误 3：程序段 3 中 2#低压油泵输出继电器 Q1.1 的常闭触电应为常开触点。

附录五　设备部机械工程技术人员考核试题

姓名：　　　　　　　单位：　　　　　　　分数：

一、单项选择题(共 6 题,每题 1 分,计 6 分)

1. 对于盘式制动器,制动闸瓦与制动轮或制动盘的接触面积应不小于(B)。
A. 80%　　　　　B. 60%　　　　　C. 50%　　　　　D. 70%

2. 提升机提升人员的最大速度为(D)m/s。
A. 5　　　　　　B. 6　　　　　　C. 10　　　　　　D. 12

3. 对应于同一控制电压时的两套装置,油压差不允许大于(A)MPa。
A. 0.2　　　　　B. 0.5　　　　　C. 0.7　　　　　D. 1

4. 加油时,一般情况下使用过滤精度为(B)μm 的滤油车,通过空气滤清器加油。
A. 5　　　　　　B. 10　　　　　C. 15　　　　　　D. 20

5. 提升机在提升人员时的最大加速度为(A)m/s²。
A. 0.5　　　　　B. 0.75　　　　C. 1.5　　　　　D. 2

6. 3254 球磨机大齿圈齿面的磨损量大于齿厚的(A)。
A. 25%　　　　　B. 30%　　　　　C. 35%　　　　　D. 40%

二、多项选择题(共 4 题,每题 1 分,计 4 分)

1. HP200 偏心铜套烧毁的原因有哪些? (ABC)
A. 给料过湿　　B. 过铁　　　　C. 给料偏析　　　D.电动机润滑不良

2. HP200 破碎机机体过热的主要原因有哪些? (ABCD)
A. 上推力轴承磨损　　　　　　　B. 排料口太小
C. 动锥下衬套表面被磨损　　　　D. 三角皮带过于紧张

3. 2YAH2160 振动筛物料跑偏的原因有哪些? (ABC)
A. 筛体两侧振幅不同　　　　　　B. 筛体倾斜
C. 弹簧损坏　　　　　　　　　　D. 电动机轴承润滑不良

4. 下列选项哪些是造成螺杆空压机高温的原因? (ABCD)
A. 温控阀故障　　　　　　　　　B. 进气阀故障
C. 环境温度高　　　　　　　　　D. 排气管路泄漏

三、填空题(每空 1 分,计 20 分)

1. 提升容器的导向槽与木罐道每侧间隙应不超过＿＿10＿＿mm;型钢罐道采用滚动罐耳时,滑动导向槽每侧间隙应保持＿＿10～15＿＿mm。

2. 导向槽和罐道,其磨损达到什么程度应该更换:木罐道的一侧磨损超过　15　mm 应更换,导向槽一侧磨损超过　8　mm 应更换,型钢罐道任一侧壁厚超过原厚度的　50%　时更换。

3. 提升机的盘式制动器的闸瓦间隙为　0.8~1　mm,制动器的制动力矩是　最大静张力差　的　3　倍。

4. 提升机的钢丝绳报废要求是钢丝绳断丝　5%　,径缩　10%　。

5. 提升钢丝绳安全系数应符合下列规定:

① 单绳缠绕钢丝绳,升降人员和物料用的,升降人员时安全系数不小于　9　,升降物料时安全系数不小于　7.5　。

② 多绳摩擦提升钢丝绳,升降人员时安全系数不小于　8　,升降物料时安全系数不小于　7.5　。

③ 多绳提升的钢丝绳专用楔形环时,回绳头应用安全系数　2　以上绳卡与首绳卡紧。

6. 井下水泵站,至少应用同类型的　3　台水泵组成,工作水泵应能在　20　h 排出一昼夜的正常用水量;出检修泵外,其他水泵应能在　20　h 内排出一昼夜的最大用水量。

7. 一般矿井主要水仓总容积应能容纳　6~8　h 的正常涌水。

8. 空压机房内工作位置噪音不应大于　85　dB。

四、判断题(共 10 题,每题 1 分,计 10 分)

1. 钢丝绳的钢丝有变黑、绣皮、点蚀麻坑等损伤时,不应用于升降人员。(√)

2. 双筒提升机调绳,应在无负荷情况下进行。(√)

3. 钢丝绳一个捻距内的断丝断面积与钢丝总断面积之比达到5%时,应更换。(√)

4. 高压液压站残压应不超过 1 MPa。(√)

5. 当冰轮空压机温度超过 105 ℃时报警,超过 110 ℃时停机。(√)

6. 3254 球磨机的齿侧间隙为 1.06~1.8 mm。(√)

7. HP200 破碎机释放缸的压力为 130 bar。(×)

8. HP200 破碎机锁紧缸的工作压力为 210 bar。(×)

9. 球磨机齿面的接触面积不小于齿长的 60%、齿高的 50%。(×)

10. 隔膜泵的压力最大可达到 5 MPa。(×)

五、简答题(共 6 题,计 60 分)

1. 补充和修改下面轴头缺少或错误的线条,且说明线条种类。(15 分)

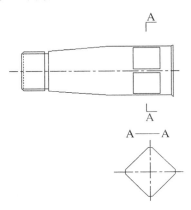

答：(1) 从 A-A 方向的视图可以看出，下面的视图缺少轴直径和倒角的两个圆形图形。

(2) 圆形图的尺寸线型为粗实线。

2. 根据下面液压原理图进行故障分析，说明发生故障的可能原因：系统没有工作制动压力、没有一级制动压力、系统压力不稳的原因。(6 分)

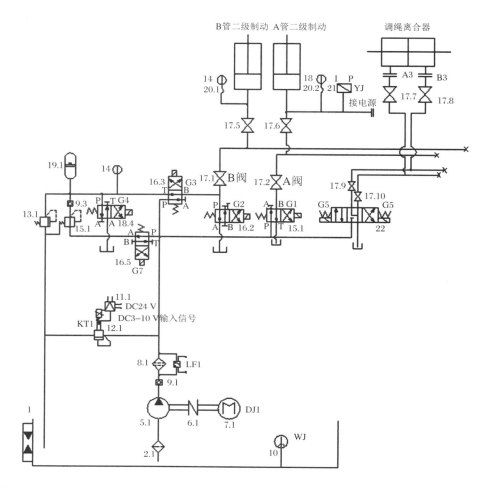

答：

(1) 系统没有工作制动压力可能是比例溢流阀、电磁阀、油泵、油管有问题。

(2) 没有一级制动压力可能是直动溢流阀、减压阀、电磁阀储能器、单向节流阀、油管有问题。

(3) 系统压力不稳可能是油管路或液压元件里有空气或者是液压元件卡阀。

3. 结合下图描述 HP200 圆锥破碎机进入不可破碎物的清腔过程中，各个液压元件的动作顺序。(9 分)

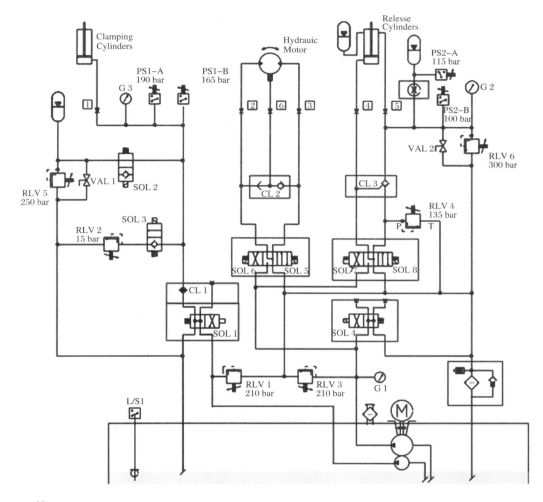

答：

（1）清腔是在破碎机停机进行的，选择开关在手动位置。（1分）

（2）按清腔按钮，电磁阀SOL4和SOL8动作、单向阀CL3打开；液压油回油箱，活塞杆带动定锥和调整环向上运动，红色报警灯亮（此时锁紧缸压力不变），不可破碎物进入破碎腔。（4分）

（3）按加压按钮：释放缸和锁紧缸同时加压，油流分两路走，进入释放缸和锁紧缸；电磁阀SOL4和SOL7动作、油流进入释放缸的上部给释放缸加压，使调整环落到主机架上。同时电磁阀SOL1动作，单向阀CL1打开；油流进入锁紧缸加压，顶起锁紧环，防止定锥在碎矿时转动；加压到红灯灭后再压30 s，打到自动位置。（4分）

4. 简述提升机盘式制动器零部件构成、功能描述、性能、技术参数。（8分）

答：

（一）部件构成（1分）

后盖—中心螺母—油缸—密封圈—活塞—碟簧等。

（二）功能描述（1分）

有油压开闸，没有油压关闸。

（三）性能（2 分）

工作制动、一级制动、二级制动、井口紧急制动，急停。

（四）技术参数（4 分）

工作制动压力为 5 MPa，一级制动压力为 3.0～3.6 MPa，井中紧急制动 A 管油压卸到 0，B 管延时 2～3 s 油压泄到 0 后全部刹车。井口紧急制动和急停 A/B 管的油压全部降到 0，全部刹车。

5. 简述 HP200 圆锥破碎机释放缸的组成、性能、技术参数。（7 分）

答：

（1）组成：释放缸缸体、活塞、活塞杆、密封圈。（1 分）

（2）性能：活塞杆在液压油的作用下发生向上和向下运动，完成释放缸工作要求。（3 分）

（3）技术参数：释放压力为 115～135 bar。（3 分）

6. 某矿区 2 中标高＋75 m，地表标高＋180 m，2 中的正常涌水量为 1 260 m^3/d，最大涌水量为 3 100 m^3/d，要把 2 中的水排到地表。（15 分）

（1）选择几台流量和扬程各是多大的水泵？（9 分）

（2）确定排水管路直径多大。（3 分）

（3）选择闸阀的压力和流量。（3 分）

答：

（1）① 扬程的确定：$H=1.1\times(180-75+10)=126.5$（m）。（2 分）

② 按正常涌水量计算每小时排水能力：$Q1=1\ 260/20=63$（m^3/h）。（2 分）

③ 按最大涌水量计算每小时排水能力：$Q2=3\ 100/20=155$（m^3/h）。（2 分）

④ 根据上述计算，选择流量为 85 m^3/h，扬程是 135 m，即选择 D85-45×3 水泵 3 台，正常排水 1 台泵，汛期用 2 台水泵，1 台检修。（3 分）

⑤ 备用选择水泵方案，考虑到用电谷时排水，选择流量为 155 m^3/h，扬程是 150 m，即选择 D155-30×5 水泵 3 台，正常排水 1 台泵，汛期用 2 台水泵，1 台检修（＋2 分项）。

（2）排水管的选择：（2＋1＝3 分）

$D=\sqrt{(4\times q/3\ 600\times3.14\times2)}=0.123$（m），选择内径是 127 mm 壁厚 4 mm 的无缝钢管；选择 2 条排水管路平行铺设，一条工作、一条备用。

（3）选择通径为 dn80 或 dn100 的压力为 1.6 MPa 的凸面法兰闸阀和止回阀。（3 分）

附录六　选矿车间机械工程技术人员考核试题

姓名：　　　　　　单位：　　　　　　分数：

一、判断题(对的打☑,错的打☒,10分)

1. 球磨机运行的轴承温度不得超过65 ℃。（ √ ）
2. 球磨机停车的第一步是停给料设备。（ √ ）
3. 球磨机的回油温度在50 ℃以内。（ × ）
4. 离心鼓风机轴承温度超过65 ℃要立刻停车。（ √ ）
5. 浓密机爬架与壳体底部间隙应均匀在150 mm。（ × ）
6. 压滤机油缸最大压紧压力应控制在21 MPa以下。（ √ ）
7. 隔膜泵最高工作压力应在2.5 MPa。（ √ ）
8. 隔膜泵停车时清水运行冲洗管路的最短时间应不少于5 min。（ √ ）
9. HP200破碎机在运作中发现电流过大,需要放大排料口,每次调整1 mm。（ √ ）
10. GP100S圆锥破碎机的最大冲程为25 mm。（ √ ）

二、填空(30分)

1. GP100S圆锥破碎机:

冲程25 mm,进料口尺寸__200__ mm,最大进料粒度__170__ mm,最小排料口尺寸__28__ mm,最大排料口粒度__41__ mm。(5分)

2. HP200圆锥破碎机:

进料口尺寸76～114 mm,排料口尺寸10～40 mm,锁紧压力185～210 bar,释放压力115～135 bar,球面瓦油槽深度磨损不允许小于超过2.5 mm,超差更换,轴向游隙0.8～1.5 mm,齿侧间隙0.457～0.813 mm,最小齿顶间隙为__1.905__ mm,动锥衬板的磨损量不要超过其厚度的__2/3__,定锥衬板的磨损量不要超过其厚度的__2/3__。(10分)

3. MQY3254溢流型球磨机:

球磨机瓦座球形接触面应均匀;每50×50 mm² 内不少于__1～2__点,两中空轴不同轴度允差小于__0.8__ mm,齿圈的径向摆动不大于__0.5__ mm,轴向摆动不大于__0.84__ mm,小齿轮中心线与大齿轮的中心线要平行,齿顶间隙__1/4__模数,齿侧间隙1.06～1.8 mm,齿面接触面积不小于齿长的__50__%,齿高的__40__%,小齿轮面磨损量不应大于齿厚的__30__%,大齿圈齿面的磨损量大于齿厚的__25__%,可倒面使用。(10分)

4. 多级低压的离心水泵平衡盘的窜动量为1.5～2.5 mm,联轴器间隙一般应为4～8 mm。(2分)

5. 螺杆空压机的排气温度达105 ℃则报警,温度达109 ℃则停机,最小压力阀为0.4～

<u>0.45</u> MPa。（3分）

三、多项选择题（每题 2 分，少选得 1 分，多选错选不得分，共 5 题，计 10 分）

1. 以下选项属于特种设备的有（ABCD）。

A. 压力容器　　　　B. 起重机械　　　　C. 电梯　　　　　D. 压力管道

2. HP200 偏心铜套烧毁的原因有哪些？（ABC）

A. 给料过湿　　　　B. 过铁　　　　　C. 给料偏析　　　　D. 电动机润滑不良

3. HP200 破碎机机体过热的主要原因有哪些？（ABCD）

A. 上推力轴承磨损　　　　　　　　B. 排料口太小

C. 动锥下衬套表面被磨损　　　　　D. 三角皮带过于紧张

4. 2YAH2160 振动筛物料跑偏的原因有哪些？（ABC）

A. 筛体两侧振幅不同　　　　　　　B. 筛体倾斜

C. 弹簧损坏　　　　　　　　　　　D. 电动机轴承润滑不良

5. 下列选项哪些是造成螺杆空压机高温的原因？（AC）

A. 温控阀故障　　　　　　　　　　B. 进气阀故障

C. 环境温度高　　　　　　　　　　D. 排气管路泄漏

四、简答题（共 4 题，计 50 分）

1. 补充和修改下面轴头缺少或错误的线条，并说明线条种类。（15分）

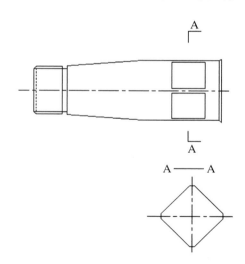

答：（1）从 A-A 方向的视图可以看出，下面的视图缺少轴直径和倒角的两个圆形图形。

（2）圆形图的尺寸线形应为粗实线。

2. 结合下图描述 HP200 圆锥破碎机进入不可破碎物，清腔过程中各个液压元件的动作顺序。（15分）

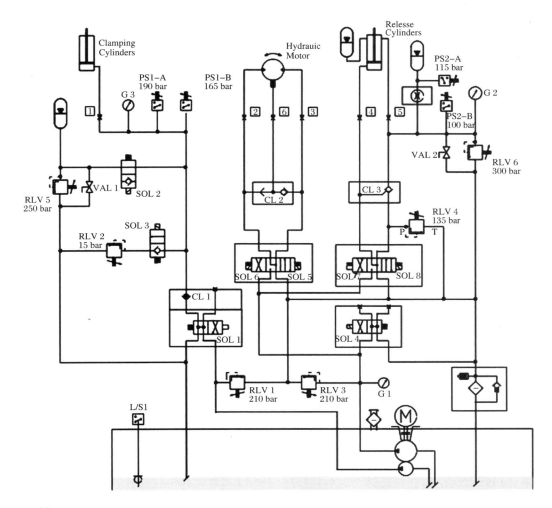

答:

(1) 清腔是在破碎机后停机后进行的,选择开关在手动位置。

(2) 按清腔按钮,电磁阀 SOL4 和 SOL8 动作、单向阀 CL3 打开;液压油回油箱,活塞杆带动定锥和调整环向上运动,红色报警灯亮(此时锁紧缸压力不变),不可破碎物进入破碎腔。

(3) 按加压按钮:释放缸和锁紧缸同时加压,油流分两路走进入释放缸和锁紧缸;电磁阀 SOL4 和 SOL7 动作、油流进入释放缸的上部给释放缸加压,使调整环落到主机架上。同时电磁阀 SOL1 动作,单向阀 CL1 打开;油流进入锁紧缸加压,顶起锁紧环,防止定锥在碎矿时转动;加压到红灯灭后再压 30 s,打到自动位置。

3. 简述 HP200 圆锥破碎机释放缸的组成、性能、技术参数。(5分)

答:

(1) 组成:释放缸缸体、活塞、活塞杆、密封圈。(2分)

(2) 性能:活塞杆在液压油的作用下发生向上和向下运动,完成释放缸清腔和加压工作要求。(2分)

(3) 技术参数:释放压力为 115~135 bar。(1分)

4. 某矿区 2 中标高 +75 m,地表标高 +180 m,2 中的正常涌水量 1 260 m³/d,最大涌水量 3 100 m³/d,要把 2 中的水排到地表。(15 分)

(1) 选择几台流量和扬程各是多大的水泵?(9 分)

(2) 确定排水管路直径多大。(3 分)

(3) 选择闸阀的压力和流量。(3 分)

答:

(1) ① 扬程的确定:$H = 1.1 \times (180 - 75 + 10) = 126.5$(m)。(2 分)

② 按正常涌水量计算每小时排水能力:

$Q1 = 1\ 260/20 = 63$(m³/h)。(2 分)

③ 按最大涌水量计算每小时排水能力:

$Q2 = 3\ 100/20 = 155$(m³/h)。(2 分)

④ 根据上述计算,选择流量为 85 m³/h,扬程是 135 m,即选择 D85-45×3 水泵 3 台,正常排水 1 台泵,汛期用 2 台水泵,1 台检修。(3 分)

⑤ 备用选择水泵方案,考虑到用电谷时排水,选择流量为 155 m³/h,扬程是 150 m,即选择 D155-30×5 水泵 3 台,正常排水 1 台泵,汛期用 2 台水泵,1 台检修。(2 分)

(2) 排水管的选择:(2 分)

$D = \sqrt{(4 \times q/3\ 600 \times 3.14 \times 2)} = 0.123$(m),选择内径是 127 mm 壁厚 4 mm 的无缝钢管;选择 2 条排水管路平行铺设,一条工作、一条备用。

(3) 选择通径为 dn80 或 dn100 的压力为 1.6 MPa 的凸面法兰闸阀和止回阀。(2 分)

附录七　电气工程技术人员考核试题

姓名：　　　　　　　单位：　　　　　　　分数：

一、单项选择题(共 20 道题,每题 1 分,计 20 分)

1. 引至采掘工作面的电源线,应装设具有明显断开点的隔离电器。从采掘工作面的人工工作点至装设隔离电器处,同一水平上的距离不宜大于(B)。

A. 30 m　　　　　B. 50 m　　　　　C. 60 m　　　　　D. 80 m

2. MQY3254 球磨机润滑站,压力控制器是用于控制压力之用,正常工作油泵压力稳定在(C)MPa。

A. 0.05　　　　　B. 0.1　　　　　C. 0.4　　　　　D. 1.0

3. 独立避雷针及其接地装置与道路功建筑物的出入口等的距离应大于(B)。

A. 2 m　　　　　B. 3 m　　　　　C. 4 m　　　　　D. 5 m

4. 在水平巷道或倾角 45°以下的巷道内,电缆悬挂高度和位置,应使电缆在矿车脱轨时不致受到撞击、在电缆坠落时不致落在轨道或运输机上,电力电缆悬挂点的间距应不大于 3 m,控制与信号电缆及小断面电力电缆间距应为 1.0~1.5 m,与巷道周边最小净距应不小于(A)。

A. 50 mm　　　　B. 100 mm　　　　C. 150 mm　　　　D. 200 mm

5. 运行中的空压机报警油温为( )℃,停机温度为(B)℃。

A. 80;130　　　　B. 90;110　　　　C. 90;130　　　　D. 95;110

6. 值班人员因工作需要,需移开遮栏进行工作,要求的安全距离是(A)。

A. 0.7 m　　　　　B. 1.0 m　　　　　C. 1.5 m　　　　　D. 3.0 m

7. 为了防止油过快老化,变压器上层油温不得经常超过(C)。

A. 60 ℃　　　　　B. 75 ℃　　　　　C. 85 ℃　　　　　D. 100 ℃

8. 电气工作人员在 10 kV 配电装置附近工作时,其正常活动范围与带电设备的最小安全距离是(D)。

A. 0.2 m　　　　　B. 0.35 m　　　　　C. 0.4 m　　　　　D. 0.5 m

9. 井下各级配电标称电压,其中手持式电气设备电压,应不超过(B)。

A. 36 V　　　　　B. 127 V　　　　　C. 220 V　　　　　D. 380 V

10. 低速检查井筒及钢丝绳,运行速度应不超过(B)。

A. 0.2 m/s　　　　B. 0.3 m/s　　　　C. 0.5 m/s　　　　D. 0.6 m/s

11. 螺杆空压机驱动电机轴承温度不得高于(B)。

A. 65 ℃　　　　　B. 75 ℃　　　　　C. 85 ℃　　　　　D. 90 ℃

12. 中央变(配)电所的地面标高,应比其人口处巷道底板标高高出(C);与水泵房毗邻时,应高于水泵房地面(C)。

    A. 0.5 m;0.2 m   B. 0.3 m;0.5 m

    C. 0.5 m;0.3 m   D. 0.2 m;0.5 m

13. 供给移动式机械(装岩机、电钻)电源的橡套电缆,靠近机械的部分可沿地面敷设,但其长度应不大于(D),中间不应有接头,电缆应安放适当,以免被运转机械损坏。

    A. 25 m   B. 30 m   C. 40 m   D. 45 m

14. 在空气温度 20 ℃ 情况下,测试 10 kV 及以下变压器绝缘电阻容许值,一次对二次及地为(B)MΩ,二次对地为(B)MΩ。

    A. 100;10   B. 300;20   C. 200;20   D. 以上都不是

15. 过速保护装置是指当提升速度超过规定速度的(C)时,提升机自动停止运转,实现安全制动。

    A. 5%   B. 10%   C. 15%   D. 20%

16. 竖井用罐笼升降人员时,加速度和减速度应不超过(C)。

    A. 0.3 m/s^2 B. 0.5 m/s^2 C. 0.75 m/s^2 D. 1.00 m/s^2

17. 接地干线应采用截面积不小于 100 mm^2、厚度不小于 4 mm 的扁钢,或直径不小于(A)的圆钢。

    A. 12 mm   B. 14 mm   C. 16 mm   D. 18 mm

18. 主接地极设置在水仓或水坑内时,应采用面积不小于(A)、厚度不小于 5 mm 的钢板。

    A. 0.6 m^2 B. 0.75 m^2 C. 0.85 m^2 D. 1 m^2

19. 高压系统的单相接地电流大于 20 A 时,接地装置的最大接触电压应不大于(B)。

    A. 30 V   B. 40 V   C. 60 V   D. 75 V

20. 硐室内各电气设备之间应留有宽度不小于(C)的通道,设备与墙壁之间的距离应不小于(C)。

    A. 0.5 m;0.8 m   B. 0.6 m;0.8 m

    C. 0.8 m;0.5 m   D. 0.8 m;0.6 m

二、判断题(共 20 道题,每题 1 分,计 20 分)

1. 变压器上层油温应经常保持在 75 ℃ 以下运行,不超过 85 ℃,最高不得超过 95 ℃。(√)

2. 10 kV 的电压互感器在母线接地 2 h 以上,应注意电压互感器的发热情况。(√)

3. 母线及其连接点在通过其允许电流时,温度不应超过 70 ℃。(√)

4. 空压机在加载状态时,卸载电磁阀关闭,放气电磁阀关闭。(×)

5. 直流电机可逆调速系统必须同时改变电枢绕组和励磁绕组电源电压的极性,电机才能改变转动方向。(×)

6. 接地干线应采用截面积不小于 100 mm^2、厚度不小于 4 mm 的扁钢,或直径不小于 10 mm 的圆钢。(×)

7. 当任一主接地极断开时,在其余主接地极连成的接地网上任一点测得的总接地电阻,不应大于 2 Ω。(√)

8. 井下变(配)电所,高压馈出线应装设单相接地保护装置,低压馈出线应装设漏电保

护装置。无爆炸危险的矿井,保护装置宜有选择性地切断故障线路或能实现漏电检测并动作于信号。(√)

9. 从采区变电所到照明用变压器的 380 V/220 V 供电线路,应为专用线,不应与动力线共用。(√)

10. 变配电硐室装有带油的设备而无集油坑的,应在硐室出口防火门处设置斜坡混凝土挡,其高度应高出硐室地面 0.2 m。(×)

11. 井下照明电源应从采区变电所的变压器低压出线侧的断路器之后引出。(×)

12. 向井下供电的断路器和井下中央变配电所各回路断路器,不应装设自动重合闸装置。(√)

13. 主扇应有使矿井风流在 10 min 内反向的措施。当利用轴流式风机反转反风时,其反风量应达到正常运转时风量的 60% 以上。(√)

14. 主扇风机房,应设有测量风压、风量、电流、电压和轴承温度等的仪表。每班都应对扇风机运转情况进行检查,并填写运转记录表。有自动监控及测试的主扇,每月应进行一次自控系统的检查。(×)

15. 变压器一、二次引出线及其节点符合标准,温度不得超过 70 ℃。(√)

16. 电动机直接启动,电动机容量低于变压器容量的 20% 的鼠笼电动机,可采用直接启动。(√)

17. 电流通过人体的四肢途径中,从右手到脚的途径,电流对人的伤害最为严重。(×)

18. 选矿厂工艺流程控制,采用集中控制方式时,应设置下列信号:① 启动预告信号;② 状态信号;③ 主要生产工作站之间联系信号;④ 事故信号和紧急停车信号。(√)

19. 提升机润滑系统油压过高、过低或制动油温过高时,应使下一次提升不能进行。(√)

20. 提升机低速下放大型设备或长材料,运行速度应不超过 0.3 m/s。(×)

三、电气控制原理图设计(20 分)

某工厂破碎车间内,有一台破碎机 C80,1♯进料皮带机、2♯出料皮带机。设计自动开停机,控制顺序:开车先启动 C80,依次延时启动 2♯皮带机、1♯皮带机,间隔延时 5 s;停车依次停 1♯皮带机、C80、2♯皮带机,间隔延时 5 s。同时要求任何一台设备事故停车,其他设备不能出现物料积压现象(按常规继电接触器控制模式来设计电气控制原理图)。

答:略。

四、10 kV 高压柜整定值计算(10 分)

某矿区 10 kV 架空线所带总用电负荷有 5 190 kVA,最大电机功率为 500 kW,高压柜互感器变比为 200/5,星形接线,功率因数取 0.8。

过电流保护公式: $I_g = \dfrac{Krel \times Kjz}{Kf \times Kj} \times I_{max}$;

速断保护公式: $I_d = \dfrac{Krel \times Kjz}{Kj} \times I_{s.max}^{(3)}$;

可靠系数 $Krel$ 取 1.15; Kf 返回系数取 0.85。

根据现场经验，$I_{\max}^{(3)}$ 取 3 倍的线路最大长时工作电流进行整定。

答：

（1）线路最大长时工作电流：（2 分）

$$Ir = \frac{P}{\sqrt{3} \times U \times \cos \varphi}$$
$$= \frac{5\,190}{\sqrt{3} \times 10 \times 0.8}$$
$$= 375\,(A)$$

（2）过电流保护电流：（6 分）

$$Ig = \frac{Krel \times Kjz}{Kf \times Kj} \times I_{\max}$$
$$= \frac{1.15 \times 1.0}{0.85 \times 40}\left(\frac{1.5 \times 500}{\sqrt{3} \times 10 \times 0.8} + \frac{5\,190 - 500}{\sqrt{3} \times 10 \times 0.8}\right)$$
$$= 13.28\,(A)（取\,13\,A）$$

（3）速断保护电流：（2 分）

$$Id = \frac{Krel \times Kjz}{Kj}I_{s.\max}^{(3)}$$

根据现场经验，取 3 倍的线路最大长时工作电流进行整定。

$$Ig = \frac{Krel \times Kjz}{Kj} \times 3Ir$$
$$= \frac{1.15 \times 1.0}{40} \times 3 \times 375$$
$$= 32.34\,(A)（取\,32\,A）$$

五、故障分析题（15 分）

1. 提升机控制程序编辑完后，开车运行，正向运行正常，反向运行报电机励磁故障，结合程序段 9、程序段 10、程序段 46 分析故障点，有一处错误。

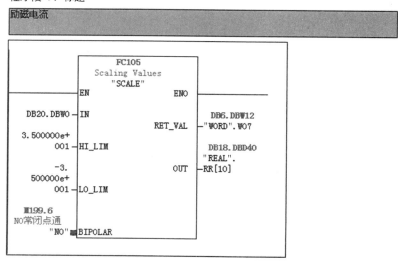

程序段 10：标题

注释:

程序段 46：标题

注释:

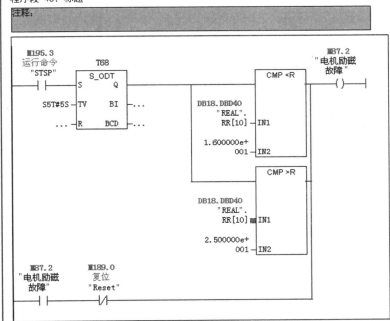

答:

程序段 9：标题

励磁电流

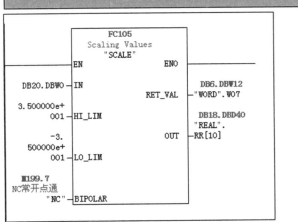

程序段 10：标题

注释：

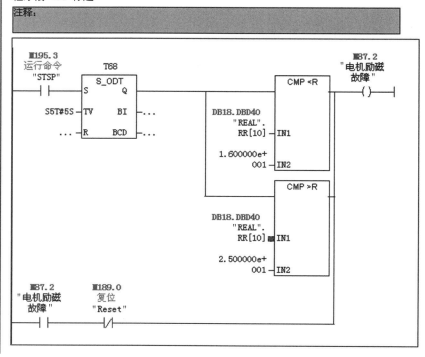

程序段 46：标题

注释：

2. 程序编辑完成后,进行编辑测试,提示有一处错误。

程序段 8：主电机 过载

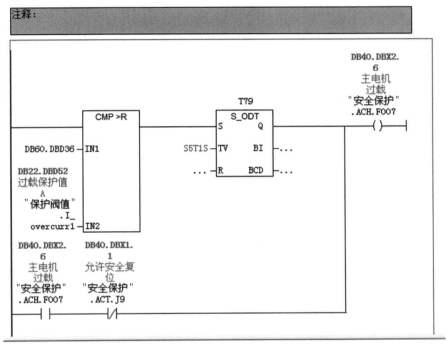

答：

程序段 8：主电机 过载

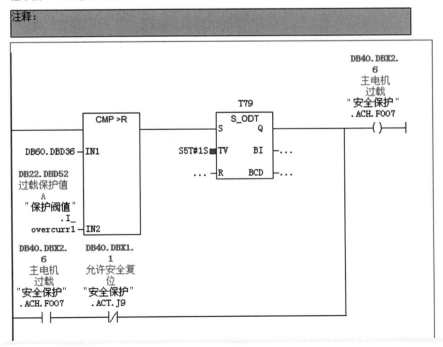

3. 接线错误：两处错误。

4. 查找错误：两处错误。

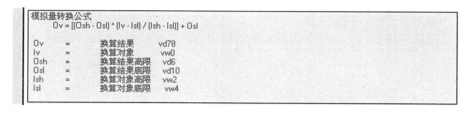

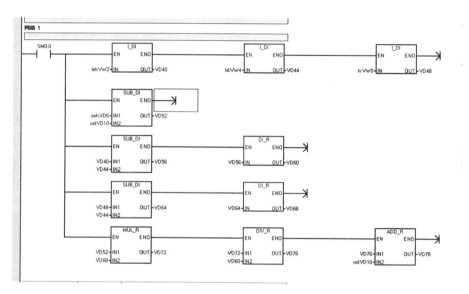

六、10/0.4 kV 工厂供配电设计(20 分)

某矿区井下采区新增采掘设备及相关设施,为满足井下供电质量及用电安全要求,需新建采区变电所,其用电负荷情况如下：

序号	用电设备名称	台数		单机功率(kW)	设备功率(kW)		需用系数	cos Φ	tan Φ
		总的	工作的		总的	工作的			
	采区变电所								
1	风机	2	1	7.5	15	7.5	0.85	0.8	0.75
2	风机	2	1	37	74	37	0.85	0.8	0.75
3	电耙	2	1	30	60	30	0.45	0.78	0.8
4	电耙	2	1	30	60	30	0.45	0.78	0.8

续表

序号	用电设备名称	台数		单机功率(kW)	设备功率(kW)		需用系数	cos Φ	tan Φ
		总的	工作的		总的	工作的			
5	电动铲运机	2	1	37	74	37	0.6	0.65	1.17
6	混凝土喷射机	2	1	5.5	11	5.5	0.6	0.6	1.34
7	局　扇	13	8	5.5	71.5	44	0.85	0.8	0.75
8	电机车	4	4	8.5	34	34	0.85	0.94	0.35
9	照明				15.00	15.00	0.95		

要求：设计变电所，合理选配变压器规格型号与容量。

答：(1) 根据 $S^2 = (P^2 + Q^2)^{1/2}$，有

$S = P1 * KX1/\cos Φ1 + P2 * KX2/\cos Φ2 + P3 * KX3/\cos Φ3 + \cdots$

求得 $S = 199.05$ KVH。

(2) 根据负债率不大于 75%，

选择变压器容量为：$S_总 = 199.05/0.75 = 265.4$（KVA）

所以选择干式变压器 SG-315-10/0.4。